中等职业学校工业和信息化精品系列教材

软·件·技·术

MySQL 数据库应用与管理实战

张俊华 胡光宇◎主编

李淼岚 谭蓉◎副主编

人民邮电出版社

北 京

图书在版编目（CIP）数据

MySQL数据库应用与管理实战 / 张俊华，胡光宇主编
. — 北京：人民邮电出版社，2024.4
中等职业学校工业和信息化精品系列教材
ISBN 978-7-115-63673-7

Ⅰ. ①M… Ⅱ. ①张… ②胡… Ⅲ. ①SQL语言—数据
库管理系统—中等职业学校—教材 Ⅳ. ①TP311.132.3

中国国家版本馆CIP数据核字(2024)第023486号

内 容 提 要

本书构建了模块化、层次化的课程结构，全书共 9 个模块，以真实工作任务为载体组织教学内容，强化技能训练，能有效提升读者的动手能力。全书围绕"网上商城"数据库和 72 项操作任务展开，采用任务驱动式的教学方法，全方位促进读者数据库应用与管理能力的提升。

本书以引导读者主动学习、高效学习、快乐学习为目标，选择教学内容与教学案例，合理设置教学任务，以达到"学会"与"会学"的教学效果。

本书可以作为中等职业院校相关专业 MySQL 课程的教材，也可以作为 MySQL 的培训教材及 MySQL 爱好者的自学参考书。

◆ 主　　编　张俊华　胡光宇
　　副主编　李淼岚　谭　蓉
　　责任编辑　王志广　桑　珊
　　责任印制　王　郁　焦志炜
◆ 人民邮电出版社出版发行　　北京市丰台区成寿寺路 11 号
　　邮编　100164　电子邮件　315@ptpress.com.cn
　　网址　https://www.ptpress.com.cn
　　三河市中晟雅豪印务有限公司印刷
◆ 开本：889×1194　1/16
　　印张：14.5　　　　　　　　2024 年 4 月第 1 版
　　字数：334 千字　　　　　　2024 年 4 月河北第 1 次印刷

定价：59.80 元

读者服务热线：(010)81055256　印装质量热线：(010)81055316
反盗版热线：(010)81055315
广告经营许可证：京东市监广登字 20170147 号

前 言

FOREWORD

数据库技术是信息处理的核心技术之一，也是计算机领域发展最快、应用最广泛的技术之一，广泛应用于各类信息系统，在社会的各个领域发挥着重要作用。随着数据库技术的发展和广泛应用，数据库的安全性、可靠性、使用效率和使用成本越来越受到重视。MySQL经历多个公司的兼并，版本不断升级，功能越来越完善，是目前十分流行的开放源代码的小型数据库管理系统，被广泛地应用于各类中小型网站中。由于其体积小、运行速度快、总体成本低，许多中小型信息系统都选择 MySQL 数据库。

本书具有以下特色和创新点。

（1）构建了模块化的课程结构。

本书构建了模块化、层次化的课程结构，全书共 9 个模块，依次为启动与登录 MySQL →创建与操作 MySQL 数据库→创建与完善 MySQL 数据表的结构→设置与维护数据库中数据的完整性→添加与更新 MySQL 数据表中的数据→使用 SQL 语句查询 MySQL 数据表→使用视图方式操作 MySQL 数据表→使用程序方式获取与处理 MySQL 表数据→安全管理与备份 MySQL 数据库。

（2）实施了任务驱动式的教学方法。

本书以真实工作任务为载体组织教学内容，强化技能训练，能有效提升读者的动手能力。全书围绕"网上商城"数据库和 72 项操作任务展开，采用任务驱动式的教学方法，全方位促进读者数据库应用与管理能力的提升，引导读者在实践应用过程中认识并掌握数据库知识，达到举一反三的效果，最终满足就业岗位的需求。

（3）遵循了能力递进的教学规律。

本书遵循读者的认知规律和技能的成长规律，充分考虑教学实施需求，将真实工作任务转化、优化为教学任务，有利于提高教学效率和优化教学效果。此外，本书合理设置各项任务的难度和完成时间，打造合理的任务训练体系，让读者在任务实施过程中巩固理论知识，学会应用所学知识解决实际问题。本书力求在完成各项操作任务的过程中，帮助读者在实际需求的驱动下学习知识、领悟知识和构建知识结构，最终熟练掌握知识并将其固化为能力。

（4）使用了双界面的教学环境。

在 MySQL 数据库操作与管理过程中，本书将 Windows 命令行界面和 Navicat 图形界面并用，以充分发挥它们的优势。在命令行界面中输入命令、语句和程序，可以了解语法格式和语句规则，理解命令与语句的功能和要求，还可以查看提示信息，观察运行结果。Navicat for MySQL 是一套专为 MySQL 设计的高性能数据库管理及开发工具，其直观的图形用户界面让用户能够快捷、高效、安全地使用 MySQL 数据库及其对象。在图形界面中，用户可以使用菜单命令、工具栏按钮、窗口、对话框等可视化方式创建、操作与管理数据库、数据表、查询、视图、存储过程、函数、触发器、用户、权限等对象，其操作过程直观、简便、安全。

（5）可以达到"学会"与"会学"的教学效果。

本书以引导读者主动学习、高效学习、快乐学习为目标，选择教学内容与教学案例，合理设置教学任务。课程教学的主要任务固然是训练学生的技能、帮助学生掌握知识，不过更重要的是要教会学生怎样学习，掌握科学的学习方法以提高学习效率。本书合理取舍教学内容、精心设计教学案例、科学优化教学方法，能让读者体会学习的乐趣和成功的喜悦，在完成各项操作任务的过程中提升技能、增长知识，最终学以致用，同时养成良好的学习习惯。

本书由张俊华、胡光宇任主编，李淼岚、谭蓉任副主编。由于编者水平有限，书中难免存在疏漏之处，敬请各位专家和读者批评指正。

编者

2024 年 4 月

目 录

CONTENTS

模块1
启动与登录MySQL

01

MySQL是一种小型关系数据库管理系统，由瑞典MySQL AB公司开发。2008年1月，MySQL AB公司被Sun公司收购；2009年，Sun公司又被Oracle公司收购。就这样，MySQL成了Oracle公司的另一个数据库管理系统。经历多个公司的兼并，MySQL版本不断升级，功能越来越完善。

 重要说明

本书的 MySQL 采用解压缩方式安装在 D 盘的 "MySQL" 文件夹中，在各模块中创建的数据库均位于 "D:\MySQL\data" 中，特此说明。

操作准备

（1）参考附录 A 中介绍的方法，下载并安装好 MySQL 的系统文件（安装在 D 盘的 "MySQL" 文件夹中）。

（2）参考附录 B 中介绍的方法，下载并安装好图形管理工具 Navicat For MySQL，安装路径为 C:\Program Files\PremiumSoft\Navicat 15 for MySQL。

（3）本模块暂时不会创建任何 MySQL 数据库。

1.1 认识 MySQL 与 Navicat

1. MySQL 概述

MySQL 是目前最流行的开放源代码的小型数据库管理系统之一，被广泛地应用于各类中小型网站中。由于其体积小、运行速度快、总体成本低、开放源代码，许多中小型网站都选择 MySQL 作为网站数据库。与其他的大型数据库管理系统（DBMS）相比，MySQL 有一些不足之处，但这丝毫没有影响它受欢迎的程度。对一般的个人用户和中小企业来说，MySQL 提供的功能已绰绰有余。

MySQL 的主要特点如下。

（1）可移植性强：由于 MySQL 使用 C 和 C++ 语言开发，并使用多种编辑器进行测试，可以在 Windows、Linux、macOS 等多种操作系统上运行，所以 MySQL 源代码的可移植性较强。

（2）运行速度快：具体表现为 MySQL 使用了极快的"B 树"磁盘表（MyISAM）和索引压缩；使用优化的"单扫描多连接"，能够实现极快的连接；SQL 函数使用高度优化的类库实现，运行速度快。一直以来，"高速"都是 MySQL 吸引众多用户的特性之一，这一点可能只有亲自使用后才能有所体会。

（3）支持多平台：MySQL 支持超过 20 种系统开发平台，包括 Windows、Linux、UNIX、macOS、FreeBSD、IBM AIX、HP-UX、OpenBSD、Solaris 等，这使得用户可以选择多种系统平台实现自己的应用，并且在不同平台上开发的应用可以很容易地在各种平台之间进行移植。

（4）支持各种开发语言：MySQL 对各种流行的程序设计语言提供了支持，并为它们提供了很多 API 函数，这些语言包括 Python、C、C++、Java、Perl、PHP、Ruby 等。

（5）提供多种存储引擎：MySQL 提供了多种数据库存储引擎，各引擎各有所长，适用于不同的应用场景，用户可以选择最合适的存储引擎以得到最高性能。

（6）功能强大：强大的存储引擎使 MySQL 能够有效应用于任意数据库应用系统，高效完成各种任务，无论是拥有大量数据的高速传输系统，还是每天访问量超过数亿的 Web 站点，MySQL 都能轻松应对。MySQL 5 是 MySQL 发展历程中的一个里程碑，使 MySQL 具备了企业级数据库管理系统的特性，并提供了强大的功能，如子查询、事务、外键、视图、存储过程、触发器、查询缓存等功能。

（7）安全度高：MySQL 具有灵活和安全的权限和密码系统，允许进行基于主机的验证。MySQL 连接到服务器时，所有的密码传输均采用加密形式，从而保证了密码安全。由于 MySQL 是网络化的，因此可以在 Internet 上的任何地方访问，这提高了数据共享的效率。

（8）价格低廉：MySQL 采用 GPL 许可，很多情况下，用户可以免费使用；对于一些商业用途，需要购买 MySQL 商业许可，但其价格相对较低。

2. Navicat 概述

MySQL 的管理维护工具非常多，除自带的命令行管理工具之外，还有许多图形化管理工具。其中 Navicat 是一套快速、可靠且价格便宜的图形化管理工具，专为简化数据库的管理及降低系统管理成本而开发。它的设计能满足数据库管理员、开发人员及中小企业的需要。Navicat 拥有直观化的图形用户界面，它让用户可以用安全并且简单的方式创建、组织、访问和共享 MySQL 数据库中的数据。Navicat 可以用来对本机或远程的 MySQL、SQL Server、SQLite、Oracle 及 PostgreSQL 数据库进行管理及开发。Navicat 的功能足以满足专业开发人员的所有需求，而且对数据库新手来说相当容易学习。

Navicat 适用于 Windows、macOS 及 Linux 这 3 种平台，它可以让用户连接到任何本机或远程服务器，并提供了一些实用的数据库工具与功能，如数据模型、数据传输、数据同步、结构同步、导入、导出、备份、还原、报表创建工具等，用于协助管理数据。

Navicat 包括多个产品，其中 Navicat for MySQL 是一套专为 MySQL 设计的高性能数据库管理及开发工具。它可以用于 MySQL3.21 及以上的服务器中，并支持部分 MySQL 的最新功能，包括触发器、存储过程、函数、事件、视图、管理用户等。另一种产品 Navicat Premium 是一种可多重连接的数据库管理工具，它可让用户以单一程序同时连接到 MySQL、Oracle、PostgreSQL、SQLite 及 SQL Server 数据库中，让管理不同类型的数据库变得更加方便。Navicat Premium 使用户能简单并快速地在各种数据库系统间传输数据，或传输指定 SQL 格式及编码的纯文本文件。这可以简化从一台服务器迁移数据到另一台服务器的过程，不同数据库的批处理作业也可以按计划在指定的时间内进行。

1.2　启动与停止 MySQL 服务

要想连接 MySQL 数据库，首先就是要保证 MySQL 服务已经启动，那么如何启动 MySQL 服务呢？一般来说安装 MySQL 的时候可以选择自动启动服务或手动启动服务，在安装与配置 MySQL 服务时，如果已经将 MySQL 安装为 Windows 服务，那么当 Windows 启动或停止时，MySQL 服务也会自动启动或停止；还可以使用命令方式和图形服务工具来启动或停止 MySQL 服务。

1. 启动 MySQL 服务的命令

以管理员身份打开 Windows 的命令行窗口，在命令提示符后输入以下命令启动 MySQL 服务：

```
net start[服务名称]
```

也可以直接输入以下命令：

```
net start
```

按【Enter】键执行该命令，默认启动服务名称为 MySQL 的服务。该命令成功运行后会显示多行提示信息，如图 1-1 所示，这些提示信息最后一行内容为"命令成功完成。"

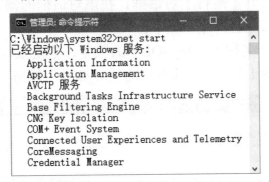

图1-1　执行"net start"命令后显示的多行提示信息

2. 停止 MySQL 服务的命令

以管理员身份打开 Windows 的命令行窗口，在命令提示符后输入以下命令可停止 MySQL 服务：

```
net stop [服务名称]
```

3. 启动或停止 MySQL 服务的图形服务工具

启动或停止 MySQL 服务的图形服务工具主要有以下两种。

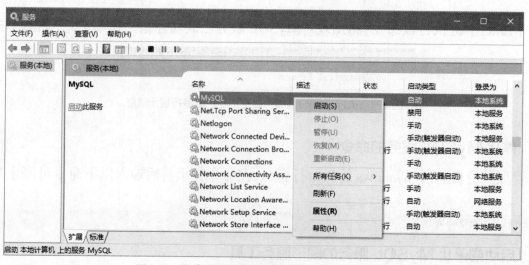

（1）Windows 操作系统的【服务】窗口。

（2）Windows 操作系统的【任务管理器】窗口。

【任务 1-1】启动与停止 MySQL 服务

【任务描述】

MySQL 安装完成后，只有成功启动 MySQL 服务，用户才可以通过 MySQL 客户端登录到 MySQL 服务器。

分别使用 Windows 的【服务】窗口、【任务管理器】窗口以及相关命令启动与停止 MySQL 服务，具体要求如下。

（1）在【服务】窗口中启动 MySQL 服务。

（2）在【任务管理器】窗口中查看 MySQL 服务进程的运行状态。

（3）使用 "net stop" 命令停止 MySQL 服务。

（4）在【任务管理器】窗口中查看 MySQL 服务的停止状态。

（5）使用 "net start" 命令启动 MySQL 服务。

（6）在【服务】窗口中查看 MySQL 服务的状态。

（7）在【服务】窗口中停止 MySQL 服务。

（8）在【任务管理器】窗口中启动 MySQL 服务。

【任务实施】

1. 在【服务】窗口中启动 MySQL 服务

按【Win+R】组合键打开【运行】对话框，在该对话框的输入框中输入命令 "services.msc"，然后单击【确定】按钮打开【服务】窗口。

在【服务】窗口中选择名称为 "MySQL" 的服务，单击鼠标右键，在弹出的快捷菜单中选择【启动】命令，如图 1-2 所示，即可启动 "MySQL" 服务。

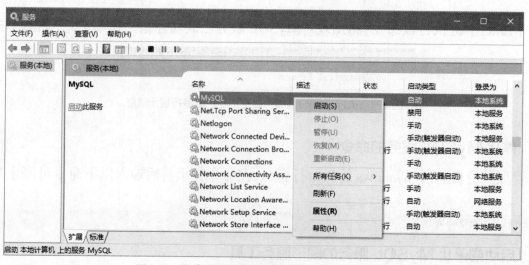

图1-2　在【服务】窗口中启动 "MySQL" 服务

2. 在【任务管理器】窗口中查看 MySQL 服务进程的运行状态

按【Ctrl+Alt+Delete】组合键打开【任务管理器】窗口（这里为 Windows 10 操作系统的【任务管理器】窗口），切换到【详细信息】选项卡可以看到 MySQL 服务进程"mysqld.exe"正在运行，如图 1-3 所示。

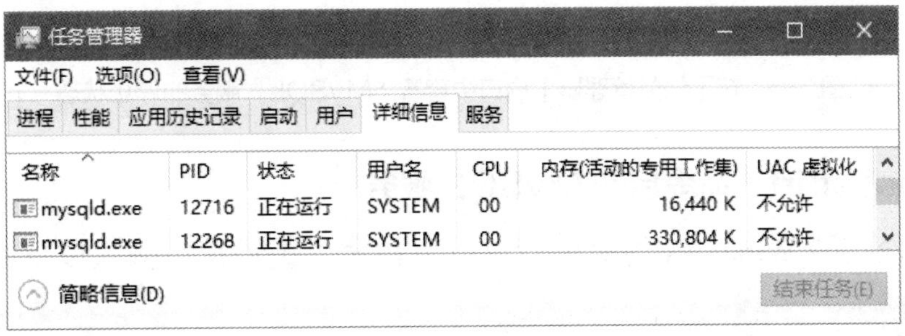

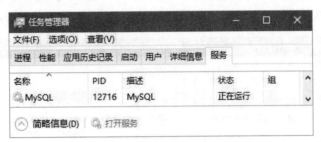

图1-3 在【任务管理器】窗口中查看MySQL服务进程"mysqld.exe"的运行状态

在【任务管理器】窗口中切换到【服务】选项卡，可以看到"MySQL"服务正在运行，如图 1-4 所示。

图1-4 在【任务管理器】窗口中查看"MySQL"服务的运行状态

3. 使用"net stop"命令停止 MySQL 服务

以管理员身份打开命令行窗口，在命令提示符后输入以下命令：

```
net stop MySQL
```

这里的 MySQL 为服务名称。

按【Enter】键执行该命令，将出现"MySQL 服务已成功停止"提示信息，如图 1-5 所示。

```
Microsoft Windows [版本 10.0.18363.1082]
(c) 2019 Microsoft Corporation。保留所有权利。

C:\Windows\system32>net stop MySQL
MySQL 服务正在停止.
MySQL 服务已成功停止。
```

图1-5 使用"net stop"命令停止"MySQL"服务

4. 在【任务管理器】窗口中查看 MySQL 服务的停止状态

打开【任务管理器】窗口，切换到【服务】选项卡，可以看到"MySQL"服务处于"已停止"状态，如图 1-6 所示。

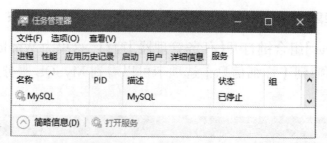

图1-6　在【任务管理器】窗口中查看"MySQL"服务的停止状态

5. 使用"net start"命令启动 MySQL 服务

以管理员身份打开 Windows 的命令行窗口，在命令提示符后输入以下命令：

```
net start MySQL
```

按回车键【Enter】执行该命令。

6. 在【服务】窗口中查看 MySQL 服务的状态

打开【任务管理器】窗口，在该窗口中单击【打开服务】按钮，打开【服务】窗口，在该窗口中找到名称为"MySQL"的服务，如图 1-7 所示，可以看到该服务的状态为"正在运行"。

图1-7　在【服务】窗口中查看"MySQL"服务的状态

7. 在【服务】窗口中停止 MySQL 服务

在【服务】窗口中选择名称为"MySQL"的服务，单击鼠标右键，在弹出的快捷菜单中选择【停止】命令，如图 1-8 所示，即可停止"MySQL"服务。

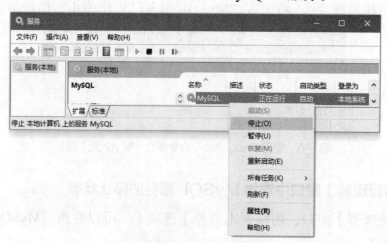

图1-8　在【服务】窗口中停止"MySQL"服务

8. 在【任务管理器】窗口中启动 MySQL 服务

打开【任务管理器】窗口，在该窗口中选择名称为"MySQL"的服务，单击鼠标右键，在弹出的快捷菜单中选择【开始】命令，如图 1-9 所示，即可启动"MySQL"服务。

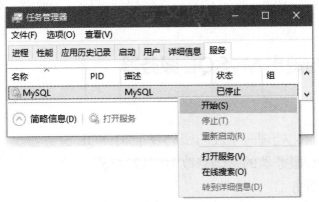

图1-9 在【任务管理器】窗口中启动"MySQL"服务

1.3 登录与退出 MySQL 服务器

登录 MySQL 服务器的命令的完整形式如下：

```
MySQL  -h <服务器主机名或主机地址>  -P <端口号>  -u <用户名>  -p<密码>
```

可以写成以下形式：

```
MySQL -h localhost -u root -p123456
MySQL -h 127.0.0.1 -u root -p123456
```

说明如下。

（1）MySQL 为登录命令。

（2）参数"-h <服务器主机名或主机地址>"用于设置 MySQL 服务器，-h 后面接 MySQL 服务器的名称或 IP 地址，如果 MySQL 服务器在本地计算机上，主机名可以写成 "localhost"，也可以写 IP 地址"127.0.0.1"。对于本机操作可以省略"-h <服务器主机名或主机地址>"。

（3）参数"-P <端口号>"用于设置访问服务器的端口，使用默认端口号时可省略"<端口号>"，注意这里为大写字母"P"。

（4）参数"-u <用户名>"用于设置登录 MySQL 服务器的用户名，-u 与 <用户名> 之间可以有空格，也可以没有空格。MySQL 安装与配置完成后，会自动创建一个 root 用户。

（5）参数"-p< 密码>"用于设置登录 MySQL 服务器的密码，-p 后面可以不写密码，按【Enter】键后会提示输入密码；如果写密码，-p 与密码之间没有空格。注意这里为小写字母"p"。

成功登录 MySQL 服务器以后，会出现"Welcome to the MySQL monitor"欢迎语，并出现"mysql>"命令提示符。在"mysql>"命令提示符后面可以输入 SQL 语句来操作 MySQL 数据库。

MySQL 中每条 SQL 语句以半角分号 ";" "\g" 或 "\G" 结束，3 种结束符的作用相同，按【Enter】键即可执行 MySQL 的命令或 SQL 语句。

在命令提示符 "mysql>" 后输入 "quit;" 或 "exit;" 并按【Enter】键即可退出 MySQL 的登录状态，此时将显示 "Bye" 提示信息，且会出现 "C:\>" 或者 "C:\Windows\system32>" 之类的命令提示符。

【任务 1-2】登录与退出 MySQL 服务器

【任务描述】

（1）以 MySQL 初始化处理时生成的密码登录 MySQL 服务器。
（2）将登录 MySQL 服务器的密码修改为 "123456"。
（3）退出 MySQL 服务器。
（4）以修改后的新密码登录 MySQL 服务器。

【任务实施】

1. 以 MySQL 初始化处理时生成的密码登录 MySQL 服务器

打开命令行窗口，在命令提示符后输入以下命令：

```
MySQL -u root -p
```

按【Enter】键后会提示 "Enter password:"，在其后输入前面 MySQL 初始化处理时自动生成的密码，例如 "o16QlMULprt"。

【提示】也可以在命令提示符后输入命令 "MySQL -u root -po16QlMULprt"，将密码直接置于参数 "p" 之后，且 "p" 与密码之间不能加空格。

按【Enter】键后若显示如下所示的多行提示信息，表示成功登录 MySQL。

```
Welcome to the MySQL monitor.  Commands end with ; or \g.
Your MySQL connection id is 17
Server version: 8.0.21 MySQL Community Server - GPL
Copyright (c) 2000, 2020, Oracle and/or its affiliates. All rights reserved.
Oracle is a registered trademark of Oracle Corporation and/or its
affiliates. Other names may be trademarks of their respective
owners.
Type 'help;' or '\h' for help. Type '\c' to clear the current input statement.
```

MySQL 登录成功后，命令提示符变成 "mysql>"。
【注意】只有成功启动了 MySQL 服务，才能成功登录 MySQL 服务器。

2. 修改登录 MySQL 服务器的密码

在命令提示符 "mysql>" 后输入以下命令：

```
set password for root@localhost='123456';
```

按【Enter】键执行该命令，可以将登录密码修改为 "123456"。

3. 退出 MySQL 服务器

在命令提示符 "mysql>" 后输入 "quit;" 或 "exit;" 并按【Enter】键即可退出 MySQL

的登录状态，并会显示"Bye"提示信息。

4. 以修改后的新密码登录 MySQL 服务器

打开命令行窗口，在命令提示符后输入命令"MySQL –u root –p"，按【Enter】键后，输入正确的密码，这里输入修改后的新密码"123456"，将显示图1-10所示的相关信息。

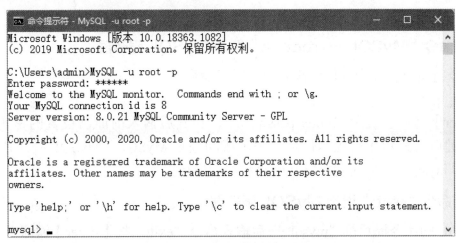

图1-10　在命令行窗口中以修改后的新密码登录MySQL服务器

命令中的"MySQL"表示登录 MySQL 服务器的命令，"-u"表示用户名，其后面接数据库的用户名，本次使用"root"用户进行登录，也可以使用其他用户名登录；"-p"表示密码，如果"-p"后面没有密码，则在命令行窗口中运行该命令后系统会提示输入密码，输入正确密码后，按【Enter】键即可登录到 MySQL 服务器。

1.4　试用 MySQL 的管理工具

MySQL 的管理工具有命令行工具和图形管理工具两种类型，MySQL 图形管理工具便于对数据库进行操作与管理，常用的图形管理工具有 Navicat for MySQL、MySQL Workbench、phpMyAdmin 等。Navicat for MySQL 是一款强大的 MySQL 数据库管理和开发工具，并且易学易用，本书将使用 Navicat for MySQL 来管理数据库。MySQL Workbench 是新一代可视化的数据库设计和管理工具，是一款专为 MySQL 设计的 ER/ 数据库建模工具，支持 Windows 和 Linux 系统。phpMyAdmin 是一款使用 PHP 开发的 B/S 模式的 MySQL 数据库管理工具，是基于 Web 跨平台的管理工具。

【任务 1-3】试用 MySQL 的命令行工具

【任务描述】

（1）使用命令"MySQL -u root -p"登录 MySQL 服务器。

（2）使用命令"exit;"退出 MySQL 服务器。

（3）使用命令"MySQL –hlocalhost–u root -p"登录 MySQL 服务器。

（4）查看安装 MySQL 时系统自动创建的数据库。

（5）查看 MySQL 的状态信息。

（6）查看 MySQL 的版本信息以及连接用户名。

（7）使用命令"quit;"退出 MySQL 服务器。

【任务实施】

1. 使用命令"MySQL -u root -p"登录 MySQL 服务器

打开命令行窗口，在命令提示符后输入以下命令：

```
MySQL -u root -p
```

按【Enter】键后会提示"Enter password:"，在其后输入前面已设置的密码"123456"，按【Enter】键后若显示多行提示信息，表示成功登录 MySQL。MySQL 登录成功后，命令提示符变成"mysql>"，此时就可以开始对数据库进行操作了。

2. 使用命令"exit;"退出 MySQL 服务器

在 MySQL 的命令提示符"mysql>"后输入命令"exit;"，按【Enter】键即可退出 MySQL 服务器的登录状态。

3. 使用命令"MySQL -h localhost -u root -p"登录 MySQL 服务器

在 Windows 命令行窗口的命令提示符后输入命令"MySQL -h localhost -u root -p"，按【Enter】键后输入正确的密码，这里输入前面已设置的密码"123456"。当窗口中命令提示符变为"mysql>"时，表示已经成功登录 MySQL 服务器，如图 1-11 所示。

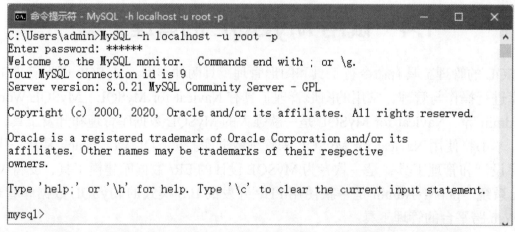

图 1-11　使用命令"MySQL-h localhost-u root -p"登录 MySQL 服务器

4. 查看安装 MySQL 时系统自动创建的数据库

在"mysql>"命令提示符后输入"show databases；"命令，按【Enter】键执行该命令，会显示安装 MySQL 时系统自动创建的 4 个数据库，如图 1-12 所示。

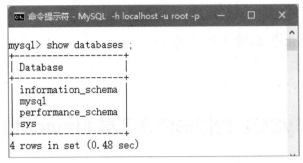

图1-12　查看安装MySQL时系统自动创建的数据库

MySQL 将有关数据库管理系统（Database Management System，DBMS）的管理信息都保存在这几个数据库中，如果删除这些数据库，MySQL 将不能正常工作，所以不能误删除这些系统数据库。

5. 查看 MySQL 的状态信息

在"mysql>"命令提示符后输入"status;"命令，按【Enter】键执行该命令，会显示 MySQL 的状态信息，如图 1-13 所示。

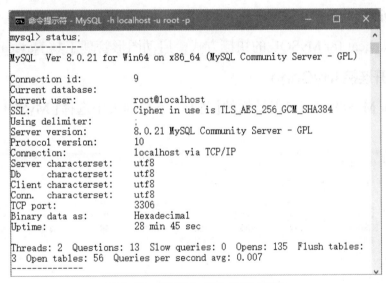

图1-13　查看MySQL的状态信息

6. 查看 MySQL 的版本信息以及连接用户名

在"mysql>"命令提示符后输入"select version(),user()；"命令，按【Enter】键执行该命令，会显示 MySQL 的版本信息以及连接用户名，如图 1-14 所示。

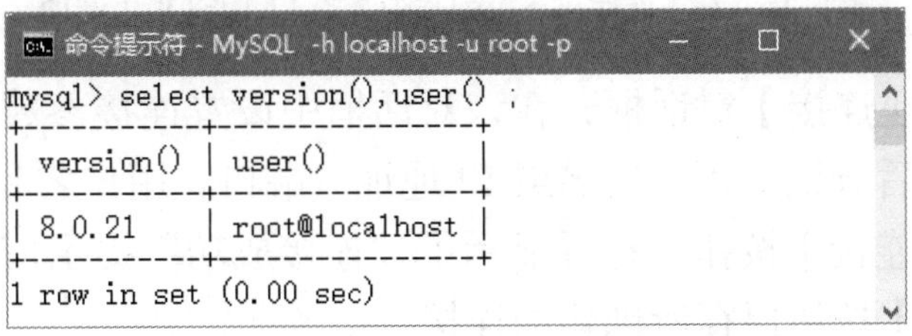

图1-14　查看MySQL的版本信息以及连接用户名

7. 使用命令"quit;"退出 MySQL 服务器

在命令提示符"mysql>"后输入以下命令:

```
quit;
```

按【Enter】键执行该命令,该命令成功运行后会显示"Bye"。

【任务 1-4】试用 MySQL 的图形管理工具 Navicat For MySQL

【任务描述】

（1）启动图形管理工具 Navicat for MySQL。
（2）在 Navicat for MySQL 图形化界面中建立并打开连接 MyConn。
（3）在 Navicat for MySQL 中查看安装 MySQL 时系统自动创建的数据库。
（4）在 Navicat for MySQL 中查看数据库"sys"中已有的数据表。
（5）在 Navicat for MySQL 中删除连接 MyConn。

【任务实施】

1. 启动 Navicat for MySQL

双击桌面上 Navicat for MySQL 的快捷方式,启动图形管理工具 Navicat for MySQL。

2. 建立并打开连接 MyConn

在【Navicat for MySQL】窗口工具栏的【连接】下拉列表中选择【MySQL】选项,如图 1-15 所示。

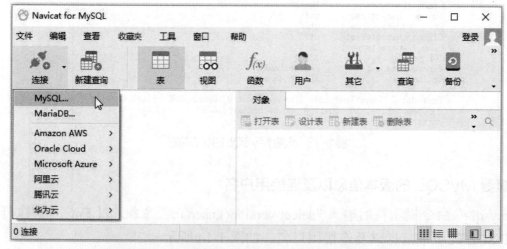

图1-15　在【连接】下拉列表中选择【MySQL】选项

打开【MySQL-新建连接】对话框,在该对话框中设置连接参数,在【连接名】输入框中输入"MyConn",然后分别输入主机名或 IP 地址、端口、用户名和密码,如图 1-16 所示。输入完成后单击【测试连接】按钮,打开显示了"连接成功"提示信息的对话框,表示连接创建成功,单击【确定】按钮保存所创建的连接。

图1-16　在【MySQL-新建连接】对话框中设置参数

在【Navicat for MySQL】窗口的【文件】菜单中选择【打开连接】命令，如图 1-17 所示，即可打开 MyConn 连接。

图1-17　在【文件】菜单中选择【打开连接】命令

3. 查看安装 MySQL 时系统自动创建的数据库

MyConn 连接打开后，【Navicat for MySQL】窗口左侧便会显示安装 MySQL 时系统自动创建的数据库，如图 1-18 所示，一共有 4 个数据库，与使用命令方式查看的结果一致。

图1-18　在【Navicat for MySQL】窗口中查看安装MySQL时系统自动创建的数据库

4. 查看数据库 sys 中已有的数据表

在【Navicat for MySQL】窗口左侧的数据库列表中双击 sys 数据库，即可打开该数据库，双击【表】节点即可查看该数据库中已有的一个数据表，其名称为"sys_config"，如图 1-19 所示。

图1-19　在【Navicat for MySQL】窗口中查看数据库sys中已有的数据表

5. 删除连接 MyConn

在【Navicat for MySQL】窗口左侧选择创建的连接 MyConn，然后在【文件】菜单中选择【关闭连接】命令，如图 1-20 所示，即可关闭 MyConn 连接。

图1-20　在【文件】菜单中选择【关闭连接】命令

在【Navicat for MySQL】窗口左侧用鼠标右键单击已被关闭的连接 MyConn，在弹出的快捷菜单中选择【删除连接】命令，如图 1-21 所示。

此时会弹出【确认删除】对话框，如图 1-22 所示，在该对话框中单击【删除】按钮即可删除连接 MyConn。

图1-21 在被关闭连接MyConn的快捷菜单中选择【删除连接】命令　　图1-22 【确认删除】对话框

1. 选择题

（1）以下关于 MySQL 的说法中错误的是（　　　）。

　　A. MySQL 是一种关系数据库管理系统

　　B. MySQL 是一款开放源代码软件

　　C. MySQL 服务器工作在客户端 / 服务器模式下

　　D. 在 Windows 操作系统中，MySQL 语句区分大小写

（2）以下关于 MySQL 的说法，错误的是（　　　）。

　　A. MySQL 不仅是开源软件，而且能够跨平台使用

　　B. 可以通过【服务】窗口启动 MySQL 服务，如果服务已经启动，可以在【任务管理器】的【详细信息】选项卡中查找 mysqld.exe 进程，如果该进程存在则表示服务正在运行

　　C. 手动修改 MySQL 的配置文件 my.ini 时，只能更改与客户端有关的配置信息，而不能更改与服务器有关的配置信息

　　D. 成功登录 MySQL 服务器后，直接输入"help ;"语句并按【Enter】键可以查看帮助信息

（3）在命令提示符"mysql>"后输入（　　　）不能退出 MySQL。

　　A. go　　　　　　　B. Ctrl+Z　　　　C. exit　　　　　　　D. quit

（4）关于登录 MySQL，以下描述正确的是（　　　）。

　　A. 不用启动任何服务就可以直接登录 MySQL 服务器

　　B. 只能使用用户名和密码方式登录 MySQL 服务器

  C. 只能使用 Windows 用户登录方式登录 MySQL 服务器

  D. 以上描述都不正确

（5）以下不属于 MySQL 图形管理工具的是（ ）。

  A. Navicat for MySQL   B. MySQL Workbench

  C. phpMyAdmin   D. PyCharm

2. 填空题

（1）MySQL 是目前最流行的开放源代码的小型数据库管理系统，被广泛地应用于各类中小型网站中，由于拥有_____、_____、_____、_____等突出特点，许多中小型网站都选择 MySQL 作为网站数据库。

（2）Navicat 可以用来对本机或远程的_____、_____、_____、_____及 Postgre SQL 数据库进行管理及开发。Navicat 适用于_____、_____及_____这3种平台。

（3）登录 MySQL 服务器的典型命令为"MySQL –u root -p"，命令中的"MySQL"表示_____的命令，"-u"表示_____，"root"表示_____，"-p"表示_____。

（4）对于登录 MySQL 服务器的命令，如果 MySQL 服务器在本地计算机上，则主机名可以写成_____，也可以为 IP 地址_____。

（5）MySQL 中每条 SQL 语句以_____、_____或_____结束，3 种结束符的作用相同。

（6）如果创建 MySQL 服务时定义的服务名称为 MySQL，则使用_____命令可以启动 MySQL 服务，使用_____命令可以停止 MySQL 服务。

（7）在命令提示符"mysql>"后输入_____或_____并按【Enter】键即可退出 MySQL 的登录状态。

模块2
创建与操作MySQL数据库

02

数据库技术主要研究如何科学地组织和存储数据，以及如何高效地获取和处理数据，它已广泛应用于各个领域。数据库是指长期存储在计算机内的、有组织的、可共享的数据集合。数据库可以看作一个存储数据对象的容器，这些对象包括数据表、视图、触发器、存储过程等，其中数据表是最基本的数据对象，是存放数据的实体。创建数据库后，才能建立数据表及其他的数据对象。

 **重要说明**

（1）本模块创建了数据库 MallDB。

（2）本模块创建了数据库 StudentDB，然后删除了该数据库。

（3）本模块没有在数据库中创建任何数据表。

（4）本模块所有任务完成后，参考模块 8 中介绍的备份方法将数据库 MallDB 进行备份，备份文件名为"MallDB02.sql"，备份命令为"mysqldump -u root -p --databases MallDB> D:\MySQL Data\MyBackup\MallDB02.sql"。

操作准备

（1）打开 Windows 命令行窗口，在该窗口中成功登录 MySQL 服务器，命令提示符变为"mysql>"。

（2）成功启动 Navicat For MySQL。

2.1 创建数据库

2.1.1 数据库的基本概念

数据、数据库、数据库管理系统、数据库应用程序、数据库用户、数据库系统等，都是数据库技术中的基本概念，理解这些基本概念，有助于更好地学习数据库技术。

1. 数据

数据（Data）是描述客观事物的符号（可以是文字、数字、图形、图像等），经过数字化后存入计算机，是数据库存储的基本对象。

2. 数据库

数据库（Database，DB）就是一个有结构的、集成的、可共享的、统一管理的数据集合。数据库是一个有结构的数据集合，也就是说，数据是按一定的数据模型来组织的，数据模型可用数据结构来描述。数据模型不同，数据的组织结构以及操纵数据的方法也就不同。现在的数据库大多数是以关系模型来组织数据的，可以简单地把关系模型的数据结构理解为一个二维表。以关系模型组织起来的数据库称为关系数据库。在关系数据库中，不仅存放着各种用户数据，如与商品有关的数据、与客户有关的数据、与订单有关的数据等，还存放着与各个表结构定义相关的数据，这些数据通常称为元数据。

数据库是一个集成的数据集合，也就是说，数据库中集中存放着各种各样的数据。数据库是一个可共享的数据集合，也就是说，数据库中的数据可以被不同的用户使用，每个用户可以按自己的需求访问相同的数据库。数据库是一个统一管理的数据集合，即数据库由DBMS统一管理，任何数据访问都是通过DBMS来完成的。

3. 数据库管理系统

数据库管理系统（Database Management System，DBMS）是一种用来管理数据库的商品化软件，用于建立、使用和维护数据库，它对数据库进行统一的管理和控制，以保证数据库的安全性和完整性。所有访问数据库的请求都是通过DBMS来完成的。DBMS提供了操作数据库的许多命令，这些命令所组成的语言中常用的就是结构化查询语言（Structured Query Language，SQL）。

DBMS主要提供以下功能。

（1）数据定义。DBMS提供了数据定义语言（Data Definition Language，DDL）。通过DDL可以方便地定义数据库中的各种对象。例如，可以使用DDL定义网上商城数据库中的商品信息数据表、客户数据表、订单数据表的结构。

（2）数据操纵。DBMS提供了数据操纵语言（Data Manipulation Language，DML）。通过DML可以实现数据表中数据的基本操作,如向数据表中插入一行数据、修改数据表的数据、删除数据表中的行、查询数据表中的数据等。

（3）安全控制和并发控制。DBMS提供了数据控制语言（Data Control Language，DCL）。通过DCL可以控制什么情况下谁可以执行什么样的数据操作。另外，由于数据库是共享的，多个用户可以同时访问数据库（并发操作），这可能会引起访问冲突，从而导致数据不一致。DBMS还提供了并发控制功能，以避免并发操作时可能发生的数据不一致问题。

（4）数据库备份与恢复。DBMS提供了备份数据库和恢复数据库的功能。

"DBMS"这一术语通常指的是某个特定厂商的特定数据库产品，如MySQL、Microsoft SQL Server、Microsoft Access、Oracle等，但有时人们使用"数据库"这个术语来代替DBMS，这种用法是不恰当的。甚至有人用"数据库"这一术语来代替数据库系统，这种用法就更不恰当了。所以要弄清楚数据库、数据库管理系统、数据库应用程序、数据库系统等术语，并合理使用这些术语。

4. 数据库应用程序

数据库应用程序是使用某种程序设计语言，为实现某些特定功能而编写的程序，如查询程序、报表程序等。这些程序为终端用户提供方便使用的可视化界面，终端用户通过该界面输入必要的数据，应用程序接收终端用户输入的数据，经过加工处理后转换成 DBMS 能够识别的 SQL 语句；然后传给 DBMS，由 DBMS 执行该语句，负责从数据库若干个数据表中找到符合查询条件的数据，再将查询结果返回给应用程序，应用程序将得到的结果显示出来。由此可见，应用程序为终端用户访问数据库提供了有效途径和简便方法。

5. 数据库用户

数据库用户是使用数据库的人员，数据库系统中的用户一般有以下 4 类。

（1）应用程序员：应用程序员负责编写数据库应用程序，他们使用某种程序设计语言（如 C#、Java 等）来编写应用程序。这些应用程序通过向 DBMS 发送 SQL 语句请求访问数据库。这些应用程序既可以是批处理程序，又可以是联机应用程序，其作用是允许用户通过客户端、屏幕终端或浏览器访问数据库。

（2）数据库管理员：数据库管理员（Database Administrator，DBA）是一类特殊的数据库用户，负责全面管理、控制、使用和维护数据库，保证数据库处于最佳工作状态。

（3）数据管理员：数据是企业最有价值的信息资源，而对数据拥有核心控制权限的人就是数据管理员（Data Administrator，DA）。数据管理员的职责是决定什么数据存储在数据库中，并针对存储的数据建立相应的安全控制机制。注意，数据管理员是管理者而不一定是技术人员。数据库管理员的任务是创建实际的数据库以及执行数据管理员需要实施的各种安全控制措施，确保数据库的安全，并且提供各种技术支持服务。

（4）最终用户：最终用户也称终端用户或一般用户，他们通过客户端、屏幕终端或浏览器来访问数据库，或者通过数据库产品提供的接口程序访问数据库。

6. 数据库系统

数据库系统（Database System，DBS）是由数据库及其管理软件组成的系统，是存储介质、处理对象和管理系统的集合体，一般由数据、数据库、数据库管理系统、数据库应用系统、用户和硬件构成。数据是构成数据库的主体，是数据库系统管理的对象。数据库是存放数据的仓库，数据库管理系统是数据库系统的核心软件，数据库应用系统是数据库管理系统支持下由用户根据实际需要开发的应用程序。用户包括应用程序员、数据库管理员、数据管理员和最终用户。硬件是数据库系统的物理支撑，包括 CPU、内存、硬盘及 I/O 设备等。

7. 关系数据库

关系数据库是一种建立在关系模型上的数据库，是目前最受欢迎的数据库管理系统。常用的关系数据库有 MySQL、SQL Server、Access、Oracle、DB2 等。在关系数据库中，关系模型就是一个二维表，因而一个关系数据库就是若干个二维表的集合。

8. 系统数据库

MySQL 主要包含 information_schema、mysql、performance_schema、sys 等系统数据库，在创建任何数据库之前，用户可以使用相关命令查看系统数据库，即在命令行窗口中登录到 MySQL 服务器，然后在"mysql>"提示符后输入如下命令：

```
show databases ;
```

按【Enter】键执行该命令，会显示安装 MySQL 时系统自动创建的 4 个数据库，如图 2-1 所示。

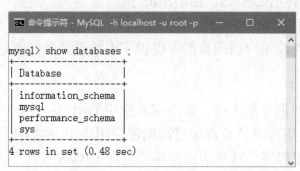

图2-1　查看安装MySQL时系统自动创建的数据库

系统数据库的说明如下。

（1）information_schema 数据库。

在 MySQL 中，information_schema 数据库中保存着 MySQL 服务器所维护的所有数据库的信息，如数据库名、数据库中的表、字段的数据类型、访问权限与数据库索引信息等。

information_schema 数据库是一个虚拟数据库，是查询数据后，从其他数据库获取的相应信息。在 information_schema 中有数个只读表，它们实际上是视图，而不是基本表，因此，用户将无法看到与之相关的任何文件。

information_schema 数据库提供了访问数据库元数据的方式。什么是元数据呢？元数据是关于数据的数据，如数据库名称或数据表名称、字段的数据类型、访问权限等。

（2）mysql 数据库。

mysql 数据库是 MySQL 的核心数据库，主要负责存储数据库的用户、权限设置、关键字等，还有其本身需要使用的控制和管理信息。例如，可以使用 mysql 数据库中的 mysql.user 数据表来修改 root 用户的密码。

（3）performance_schema 数据库。

performance_schema 数据库主要用于收集数据库服务器的性能参数，并且该数据库里数据表的存储引擎均为 Performance_Schema，而用户是不能创建存储引擎为 Performance_Schema 的数据表的。

（4）sys 数据库。

sys 数据库中所有的数据源来自 performance_schema 数据库，其目的是把 performance_schema 数据库的复杂度降低，让数据库管理员能更好地阅读这个数据库里的内容，从而更快地了解数据库的运行情况。

2.1.2 认识创建 MySQL 数据库的命令

MySQL 安装与配置完成后，首先需要创建数据库，这是使用 MySQL 各项功能的前提。创建数据库是在系统磁盘上划分一块区域用于数据的存储和管理。

默认情况下，只有系统管理员和具有创建数据库角色权限的登录账户的拥有者，才可以创建数据库。在 MySQL 中，root 用户拥有最高权限，因此使用 root 用户登录 MySQL 服务器后，就可以创建数据库了。

MySQL 提供了创建数据库的命令 Create Database，其语法格式如下：

```
Create { Database | Schema } [ if not exists ] <数据库名称>
[ create_specification , … ]
```

其中，create_specification 的可选项如下：

```
[ Default ] Character Set <字符集名称>
| [ Default ] Collate <排序规则名称>
```

① [] 中的内容为可选项，其余为必须填写的项；二者选其一的选项使用"|"分隔；多个选项或参数需列出前面一个选项或多个选项，"…"表示可有多个选项或参数。

② Create Database 为创建数据库的必需项，不能省略。

③ 由于 MySQL 的数据存储区将以文件夹形式表示 MySQL 数据库，因此，命令中的数据库名称必须符合操作系统中的文件夹命名规则。MySQL 中不区分字母大小写。

④ if not exists 为可选项，用于在创建数据库之前判断即将创建的数据库名是否存在。如果不存在，则创建该数据库；如果数据库中已经存在同名的数据库，则不创建任何数据库。注意，如果存在同名数据库，但没有指定 if not exists，则会出现错误提示。

⑤ create_specification 用于指定数据库的特性。数据库特性存储在数据库文件夹的 db.opt 文件中。Default 用于指定默认值，Character Set 子句用于指定默认的数据库字符集，Collate 子句用于指定默认的数据库排序规则。

⑥ 在 MySQL 中，每一条 SQL 语句都以半角分号";"、"\g"或"\G"作为结束标志。

创建 MySQL 数据库的示例语句如下：

```
Create Database If not exists BookDB11 Default Charset utf8 Collate utf8_general_ci ;
```

【任务 2-1】使用 Navicat for MySQL 创建数据库 MallDB

【任务描述】

在 Navicat for MySQL 的图形化环境中完成以下任务。

（1）创建连接 MallConn，并打开连接 MallConn。

（2）创建数据库 MallDB。

（3）查看 MallConn 连接中的数据库。

（4）打开新创建的数据库 MallDB。

【任务实施】

1. 创建连接 MallConn，并打开连接 MallConn

（1）启动图形管理工具 Navicat for MySQL。

双击桌面上 Navicat for MySQL 的快捷方式，启动图形管理工具 Navicat for MySQL。

（2）建立连接 MallConn。

在【Navicat for MySQL】窗口中单击【文件】菜单，在弹出的菜单中依次选择【新建连接】-【MySQL】命令，如图 2-2 所示。

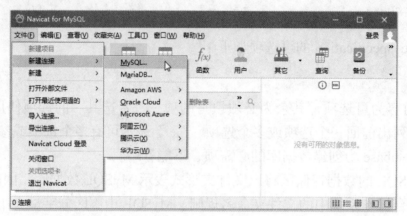

图2-2 在【文件】菜单中依次选择【新建连接】-【MySQL】命令

打开【MySQL-新建连接】对话框，在该对话框中设置连接参数，在"连接名"输入框中输入"MallConn"，然后分别输入主机名或 IP 地址、端口、用户名和密码，如图 2-3 所示。输入完成后单击【测试连接】按钮，打开显示了"连接成功"提示信息的对话框，如图 2-4 所示，表示连接创建成功，单击【确定】按钮保存所创建的连接。在【Navicat for MySQL】窗口左侧就会出现连接 MallConn。

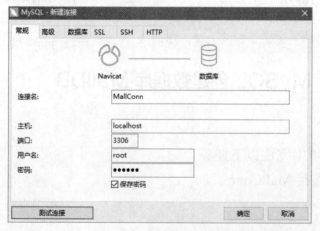

图2-3 在【MySQL-新建连接】对话框中设置参数

图2-4 "连接成功"提示信息对话框

（3）打开连接 MallConn。

在【Navicat for MySQL】窗口左侧用鼠标右键单击新创建的连接 MallConn，在弹出的快捷菜单中选择【打开连接】命令，如图 2-5 所示，即可打开 MallConn 连接，显示 MallConn 连接中的数据库，如图 2-6 所示。

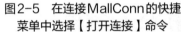

图2-5　在连接MallConn的快捷
菜单中选择【打开连接】命令

图2-6　打开连接MallConn

2. 创建数据库 MallDB

在【Navicat for MySQL】窗口左侧用鼠标右键单击打开的连接 MallConn，在弹出的快捷菜单中选择【新建数据库】命令，如图 2-7 所示，打开【新建数据库】对话框。

在【数据库名】输入框中输入 "MallDB"，在【字符集】下拉列表中选择【utf8】选项，在【排序规则】下拉列表中选择【utf8_general_ci】选项，如图 2-8 所示。

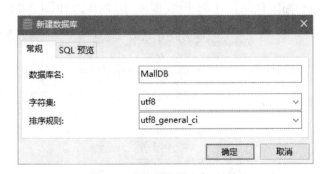

图2-7　选择【新建数据库】命令

图2-8　【新建数据库】对话框

在【新建数据库】对话框中切换到【SQL 预览】选项卡，如图 2-9 所示。

图2-9　【新建数据库】对话框的【SQL 预览】选项卡

在【SQL 预览】选项卡中可以看到，创建 MySQL 数据库 MallDB 的语句如下：

```
CREATE DATABASE'MallDB'CHARACTER SET 'utf8' COLLATE 'utf8_general_ci';
```

在【新建数据库】对话框中单击【确定】按钮，完成数据库 MallDB 的创建。

3. 查看 MallConn 连接中的数据库

在【Navicat for MySQL】窗口中展开 MallConn 连接，可以看到新创建的数据库 MallDB，如图 2-10 所示。

图2-10　查看新数据库MallDB

4. 打开新创建的数据库 MallDB

在【Navicat for MySQL】窗口左侧用鼠标右键单击新创建的数据库 "malldb"，在弹出的快捷菜单中选择【打开数据库】命令，如图 2-11 所示。

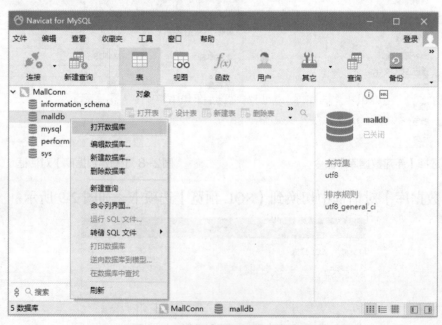

图2-11　选择【打开数据库】命令

数据库 "malldb" 的打开状态如图 2-12 所示。

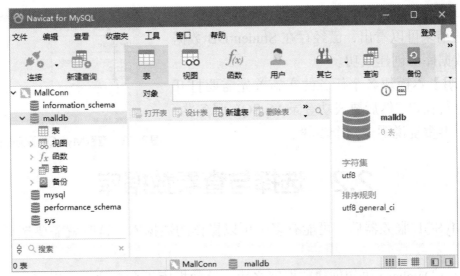

图2-12 数据库"malldb"的打开状态

【任务2-2】在命名行中使用 Create Database 语句创建数据库

【任务描述】

（1）创建一个名称为 StudentDB 的数据库。

（2）查看 MySQL 服务器主机上的数据库。

【任务实施】

1. 创建数据库 StudentDB

（1）登录 MySQL 服务器。

打开 Windows 命令行窗口，在命令提示符后输入命令"mysql –u root -p123456"，按【Enter】键后，若窗口中的命令提示符变为"mysql>"，表示成功登录 MySQL 服务器。

（2）输入创建数据库的语句。

在命令提示符"mysql>"后面输入创建数据库的语句：

```
Create Database if not exists StudentDB ;
```

按【Enter】键，执行结果如下：

```
Query OK, 1 row affected, 1 warning (0.47 sec)
```

表示数据库创建成功。

创建数据库的语句中包含了"if not exists"，表示如果待创建数据库不存在则创建，存在则不创建，其作用是避免因服务器上已经存在同名的数据库导致创建数据库出错。

2. 查看 MySQL 服务器主机上的数据库

在命令提示符"mysql>"后面输入以下语句：

```
Show Databases ;
```

按【Enter】键，执行结果如图 2-13 所示。

从显示的结果可以看出，已经存在 StudentDB 数据库，表示该数据库已创建成功。

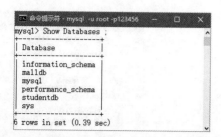

图2-13　查看MySQL服务器主机上的数据库

【重要说明】本模块各个任务的实施首先需要打开 Windows 命令行窗口，然后要成功登录 MySQL 服务器，后面的任务不再重复说明这两个步骤。

2.2　选择与查看数据库

当登录 MySQL 服务器后，可能有多个可以操作的数据库，这时就需要选择要操作的数据库了。

使用 Create Database 语句创建数据库之后，该数据库不会自动成为当前数据库，需要使用 Use 语句来指定。

在 MySQL 中，对数据表进行操作之前，需要选择该数据表所在的数据库，选择 MySQL 数据库的命令的语法格式如下：

```
Use 数据库名称 ;
```

该语句通过 MySQL 将指定的数据库作为默认（当前）数据库使用，用于执行后续各语句。该数据库保持为默认数据库，直到语句段执行结束，或者直到执行另一个不同的"Use"语句。这个语句也可以用来从一个数据库"切换"到另一个数据库。

【任务 2-3】在命名行中使用语句方式选择与查看数据库的相关信息

【任务描述】

（1）选择当前数据库为 StudentDB。

（2）查看数据库 StudentDB 使用的字符集。

（3）查看当前使用的数据库。

（4）查看数据库 StudentDB 使用的端口。

（5）查看数据库文件的存放路径。

【任务实施】

1. 选择当前数据库为 StudentDB

在命令提示符"mysql>"后输入以下语句：

```
Use StudentDB ;
```

按【Enter】键后出现提示信息"Database changed"，表示数据库选择成功。

2. 查看数据库 StudentDB 使用的字符集

在命令提示符"mysql>"后输入语句：

```
Show Create Database StudentDB ;
```

按【Enter】键后会显示图 2-14 所示的结果。

```
命令提示符 - mysql -u root -p123456
mysql> Show Create Database StudentDB ;
+-----------+------------------------------------------------------------------------------------------------+
| Database  | Create Database                                                                                |
+-----------+------------------------------------------------------------------------------------------------+
| StudentDB | CREATE DATABASE `StudentDB` /*!40100 DEFAULT CHARACTER SET utf8 */ /*!80016 DEFAULT ENCRYPTION='N' */ |
+-----------+------------------------------------------------------------------------------------------------+
1 row in set (0.00 sec)
```

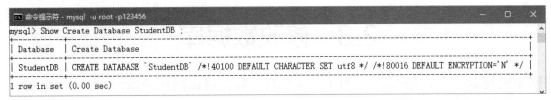

图2-14　查看数据库StudentDB使用的字符集

图 2-14 中显示了当前数据库名称为 StudentDB，该数据库使用的字符集为 utf8。

3. 查看当前使用的数据库

在命令提示符“mysql>”后输入语句“select database() ;”，然后按【Enter】键执行该语句，查看当前使用的数据库，结果如图 2-15 所示。

```
命令提示符 - mysql -u root -p123456
mysql> select database() ;
+------------+
| database() |
+------------+
| studentdb  |
+------------+
1 row in set (0.00 sec)
```

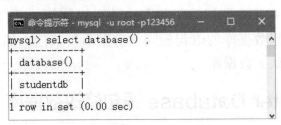

图2-15　查看当前使用的数据库

4. 查看数据库 StudentDB 使用的端口

在命令提示符“mysql>”后输入语句“show variables like 'port' ;”，然后按【Enter】键执行该语句，查看当前数据库 StudentDB 使用的端口，结果如图 2-16 所示。

```
命令提示符 - mysql -u root -p123456
mysql> show variables like 'port' ;
+---------------+-------+
| Variable_name | Value |
+---------------+-------+
| port          | 3306  |
+---------------+-------+
1 row in set, 1 warning (0.52 sec)
```

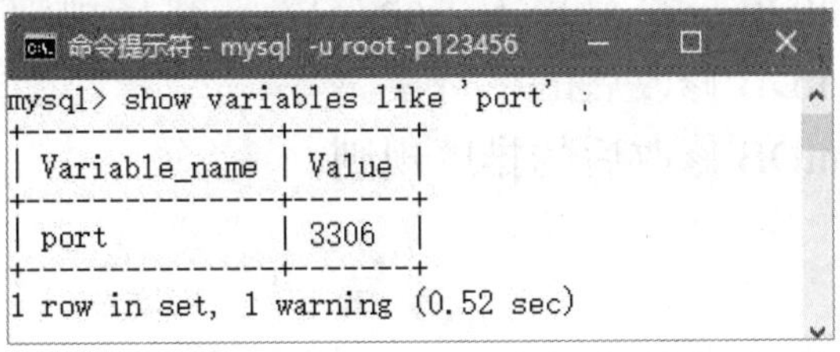

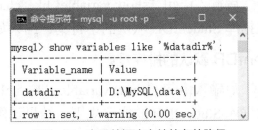

图2-16　查看数据库StudentDB使用的端口

5. 查看数据库文件的存放路径

在命令提示符“mysql>”后输入语句“show variables like '%datadir%'; ”，然后按【Enter】键执行该语句，查看数据库文件的存放路径，结果如图 2-17 所示。

```
命令提示符 - mysql -u root -p
mysql> show variables like '%datadir%';
+---------------+---------------+
| Variable_name | Value         |
+---------------+---------------+
| datadir       | D:\MySQL\data\ |
+---------------+---------------+
1 row in set, 1 warning (0.00 sec)
```

图2-17　查看数据库文件的存放路径

由图 2-17 可知，数据库文件的存放路径为 "D:\MySQL\data\"。

2.3　修改数据库

数据库创建成功后，如果需要修改数据库的参数，可以使用 Alter Database 语句。其语法格式如下：

```
Alter { Database | Schema } [ 数据库名称 ]
[ alter_specification , … ]
```

其中，alter_specification 的可选项如下：

```
[ Default ] Character Set 字符集名称
| [ Default ] Collate 排序规则名称
```

Alter Database 语句用于更改数据库的全局特性，这些特性存储在数据库文件夹的 db.opt 文件中。用户必须有对数据库进行修改的权限，才可以使用 Alter Database 语句。修改数据库的语句的各个选项与创建数据库的语句相同，这里不再赘述。如果语句中省略了数据库名称，则表示修改当前（默认）数据库。

【任务 2-4】使用 Alter Database 语句修改数据库

【任务描述】

（1）选择 StudentDB 为当前数据库。
（2）查看数据库 StudentDB 默认的字符集。
（3）查看数据库 StudentDB 默认的排序规则。
（4）修改数据库 StudentDB 的字符集为 "gb2312"、排序规则为 "gb2312_chinese_ci"。
（5）查看数据库 StudentDB 修改后的字符集。
（6）查看数据库 StudentDB 修改后的排序规则。

【任务实施】

1. 选择 StudentDB 为当前数据库

在命令提示符 "mysql>" 后输入语句 "Use StudentDB ;"，然后按【Enter】键执行该语句，若提示 "Database changed"，则表示数据库选择成功。

2. 查看数据库 StudentDB 默认的字符集

在命令提示符 "mysql>" 后输入语句 "show variables like 'character%' ;"，然后按【Enter】键执行该语句，查看当前数据库 StudentDB 默认的字符集，结果如图 2-18 所示。

3. 查看数据库 StudentDB 默认的排序规则

在命令提示符 "mysql>" 后输入语句 "show variables like 'collation%' ;"，然后按【Enter】键执行该语句，查看当前数据库 StudentDB 的排序规则，结果如图 2-19 所示。

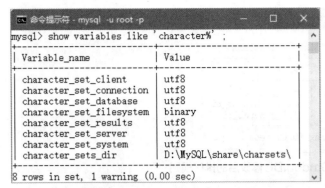

图2-18　查看当前数据库StudentDB默认的字符集 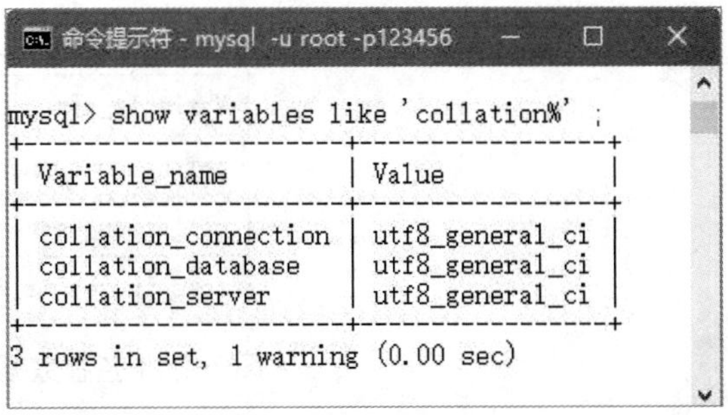　　　　图2-19　查看数据库StudentDB默认的排序规则

4. 修改数据库 StudentDB 的默认字符集和排序规则

在命令提示符"mysql>"后输入以下语句：

```
Alter Database StudentDB Character set gb2312 Collate gb2312_chinese_ci ;
```

按【Enter】键，出现"Query OK, 1 row affected (0.48 sec)"提示信息，表示修改成功。

5. 查看数据库 StudentDB 修改后的字符集

在命令提示符"mysql>"后输入语句"show variables like 'character%' ;"，然后按【Enter】键执行该语句，查看当前数据库 StudentDB 修改后的字符集，结果如图 2-20 所示。

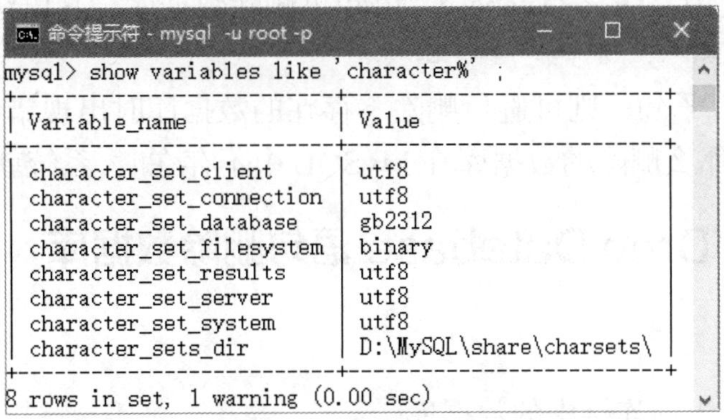

图2-20　查看数据库StudentDB修改后的字符集

由于本任务第 4 步已将数据库 StudentDB 的默认字符集修改为"gb2312"，所以图 2-20 中的 character_set_database 的"Value"为"gb2312"。

图 2-20 中的 character_set_client 为客户端字符集，character_set_connection 为建立连接使用的字符集，character_set_database 为数据库的字符集，character_set_results 为结果集的字符集，character_set_server 为数据库服务器的字符集，只要保证以上字符集一样，就不会出现乱码问题。

6. 查看数据库 StudentDB 修改后的排序规则

在命令提示符"mysql>"后输入语句"show variables like 'collation%' ;"，然后按【Enter】键执行该语句，查看当前数据库 StudentDB 修改后的排序规则，结果如图 2-21 所示。

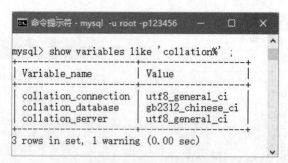

图2-21   查看数据库StudentDB修改后的排序规则

由于本任务第4步已将数据库 StudentDB 的排序规则修改为 "gb2312_chinese_ci"，所以图 2-21 中的 collation_database 的 "Value" 为 "gb2312_chinese_ci"。

2.4   删除数据库

删除数据库是指在数据库系统中删除已经存在的数据库，即将已经存在的数据库从磁盘中清除。删除数据库之后，数据库中的数据也将被删除，原来分配的空间将被收回。值得注意的是，删除数据库会永久删除该数据库中的所有数据表及数据。因此，在删除数据库时，应特别谨慎。

在 MySQL 中，使用 "Drop Database" 语句可删除数据库，其语法格式如下：

```
Drop Database [ if exists ] <数据库名> ;
```

若使用 "if exists" 子句，则可避免删除不存在的数据库时出现错误提示信息；如果没有使用 "if exists" 子句，那么删除的数据库在 MySQL 中不存在时，系统就会显示错误提示信息。

【任务 2-5】使用 Drop Database 语句删除数据库

【任务描述】

（1）查看 MySQL 当前连接中的数据库。
（2）删除数据库 StudentDB。
（3）在删除数据库 StudentDB 前后分别查看 MySQL 当前连接中的数据库。

【任务实施】

1. 查看 MySQL 当前连接中的数据库

在命令提示符 "mysql>" 后输入 "Show Databases ;" 语句，按【Enter】键，从运行结果中可以看出 MySQL 当前连接中包含了 StudentDB 数据库。

2. 删除数据库 StudentDB

在命令提示符 "mysql>" 后输入以下语句：

```
Drop Database StudentDB ;
```

按【Enter】键，出现 "Query OK, 0 rows affected (0.11 sec)" 提示信息，表示删除成功。

3. 删除数据库 StudentDB 后，再一次查看 MySQL 当前连接中的数据库

在命令提示符"mysql>"后输入"Show Databases ;"语句并按【Enter】键，结果如图 2-22 所示，可以看出当前连接中数据库 StudentDB 已不存在。

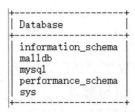

图2-22　删除数据库StudentDB后查看MySQL当前连接中的数据库

1. 选择题

（1）MySQL 中，通常使用（　　　）语句来指定一个已有数据库作为当前工作数据库。

    A. do　　　　　　B. go　　　　　　C. at　　　　　　D. use

（2）删除一个数据库的语句是（　　　）。

    A. Create Database　　　　　　B. Drop Database

    C. Alter Database　　　　　　　D. Delete Database

（3）在创建数据库时，可以使用（　　　）子句确保如果数据库不存在就创建它，如果存在就直接使用它。

    A. if not exists　　B. if exists　　C. if exist　　　　D. if not exist

（4）MySQL 自带的数据库中，（　　　）存储了系统的权限信息。

    A. information_schema　　　　B. mysql

    C. sys　　　　　　　　　　　　D. performance_schema

（5）数据库系统包括数据和（　　　）。

    A. 数据库和数据库管理系统

    B. 硬件、数据库应用系统和用户

    C. 数据库、硬件、数据库应用系统和用户

    D. 数据库、数据库应用系统和硬件

（6）下列说法中对系统数据库描述正确的是（　　　）。

    A. 系统数据库是指安装 MySQL 后自动创建的数据库，可以将其删除

    B. 系统数据库是指安装 MySQL 后自动创建的数据库，不能将其删除

    C. 系统数据库可以根据需要选择性安装

    D. 以上说法都不对

（7）以下（　　　）不属于 MySQL 自带的数据库。

    A. information_schema　　　　B. mysql

    C. sys　　　　　　　　　　　　D. pubs

（8）已经创建数据库 MallDB，查看该数据库具体的创建信息的语句是（   ）。

    A. Show Create Database MallDB； B. Show Database MallDB；

    C. Show Databases；   D. Show MallDB；

2. 填空题

（1）一个完整的数据库系统由_____、_____、数据库应用程序、用户和硬件组成。数据库由_____统一管理，对任何数据的访问都是通过_____来完成的。

（2）在 MySQL 中，每一条 SQL 语句都以_____、_____、_____作为结束标志。

（3）查看 MySQL 服务器主机上的数据库的语句为_____。

（4）使用 Create Database 语句创建数据库之后，该数据库不会自动成为当前数据库，需要使用_____语句来指定。

（5）MySQL 中，创建数据库 test 的语句的正确写法为_____。

（6）MySQL 中，删除数据库 test 的语句的正确写法为_____。

（7）MySQL 中，_____用户拥有最高权限，因此使用该用户登录 MySQL 数据库服务器后，就可以创建数据库了。

模块3
创建与完善MySQL数据表的结构

03

数据表是数据库中最重要、最基本的操作对象，是数据存储的基本单位。数据表被定义为列的集合，数据在数据表中是按照行和列的格式来存储的，每一行代表一条记录，每一列代表记录中的一个域，称为字段。

在创建完数据库之后，接下来的工作就是创建数据表。所谓创建数据表，指的是在已经创建好的数据库中建立新表，创建数据表的过程是规定数据列的属性的过程。

重要说明

（1）本模块在数据库 MallDB 中创建了多个数据表，也删除了多个数据表，最后保留了以下数据表：出版社信息、商品信息、商品类型、图书信息、客户信息、用户信息、订单信息、订购商品。

（2）本模块所有任务完成后，参考模块 9 中介绍的备份方法将数据库 MallDB 进行备份，备份文件名为"MallDB03.sql"，备份命令为"mysqldump -u root -p --databases MallDB> D:\MySQLData\MyBackup\MallDB03.sql"。

操作准备

（1）打开 Windows 命令行窗口。

（2）如果数据库 MallDB 或者该数据库中的数据表被删除了，参考模块 9 中介绍的还原备份的方法将模块 2 中创建的备份文件"MallDB02.sql"予以还原。

命令为"mysql –u root –p MallDB < MallDB02.sql"。

（3）登录 MySQL 服务器。

在命令行窗口的命令提示符后输入命令"mysql -u root -p"，按【Enter】键后，输入正确的密码，这里输入"123456"。当窗口中的命令提示符变为"mysql>"时，表示已经成功登录到 MySQL 服务器。

（4）启动 Navicat For MySQL，打开已有连接 MallConn，再打开数据库 MallDB。

3.1　网上商城数据库的应用

【任务3-1】通过网上商城体验数据表的应用

【任务描述】

首先通过京东网上商城实例体验数据库的应用，对数据库应用系统、数据库管理系统、数据库和数据表有一个直观认识，这些数据库应用的相关内容如表3-1所示，这些数据表事先都已设计完成，可直接通过应用程序对数据表中的数据进行存取操作。

表3-1　　　　　　　　　　体验京东网上商城数据库应用涉及的相关内容

数据库 应用系统	数据库	主要数据表	典型用户	典型操作
京东网上商城 应用系统	网上商城数 据库	商品类型、商品信息、供应商、客户、支付方式、提货方式、购物车、订单等	客户、职员	用户注册、用户登录、密码修改、商品查询、商品选购、下订单、订单查询等

【任务实施】

1. 查询商品与浏览商品列表

启动浏览器，在地址栏中输入京东网上商城的网址"jd.com"，按【Enter】键打开京东网上商城的首页，首页的左上角显示了京东网上商城的全部商品分类，这些商品分类数据源自后台数据库中的"商品类型"数据表，"商品类型"数据表中的示例数据如表3-2所示。

表3-2　　　　　　　　　　　　"商品类型"数据表中的示例数据

类型编号	类型名称	父类编号	类型编号	类型名称	父类编号	类型编号	类型名称	父类编号
t01	家用电器	t00	t03	电脑产品	t00	t0304	游戏设备	t03
t0101	电视机	t01	t0301	电脑整机	t03	t0305	网络产品	t03
t0102	空调	t01	t030101	笔记本	t0301	t04	办公用品	t00
t0103	洗衣机	t01	t030102	游戏本	t0301	t05	化妆洗护	t00
t0104	冰箱	t01	t030103	平板电脑	t0301	t06	服饰鞋帽	t00
t0105	厨卫电器	t01	t030104	台式机	t0301	t07	皮具箱包	t00
t0106	生活电器	t01	t0302	电脑配件	t03	t08	汽车用品	t00
t02	数码产品	t00	t030201	显示器	t0302	t09	母婴玩具	t00
t0201	通信设备	t02	t030202	CPU	t0302	t10	食品饮料	t00
t020101	手机	t0201	t030203	主板	t0302	t11	医药保健	t00
t020102	手机配件	t0201	t030204	显卡	t0302	t12	礼品鲜花	t00
t020103	对讲机	t0201	t030205	硬盘	t0302	t13	图书音像	t00
t020104	固定电话	t0201	t030206	内存	t0302	t1301	图书	t13
t0202	摄影机	t02	t0303	外设产品	t03	t1302	音像	t13
t0203	摄像机	t02	t030301	鼠标	t0303	t1303	电子书刊	t13

续表

类型编号	类型名称	父类编号	类型编号	类型名称	父类编号	类型编号	类型名称	父类编号
t0204	数码配件	t02	t030302	键盘	t0303	t14	家装厨具	t00
t0205	影音娱乐	t02	t030303	U 盘	t0303	t15	珠宝首饰	t00
t0206	智能设备	t02	t030304	移动硬盘	t0303	t16	体育用品	t00

在京东网上商城首页的搜索框中输入"手机 华为",按【Enter】键,显示的部分手机信息如图 3-1 所示,这些商品信息源自后台数据库中的"商品信息"数据表,"商品信息"数据表中的示例数据如表 3-3 所示。

¥4488.00

华为p40 5G手机 亮黑色 8+128G全网通

1万+条评价

炜东电商旗舰店

放心购

¥1499.00

京品手机 华为 HUAWEI nova 5z 麒麟 810芯片 4800万AI四摄 3200万人像超级

60万+条评价

华为京东自营官方旗...

自营 放心购

¥1189.00

京品手机 荣耀20青春版 AMOLED屏幕指纹 4000mAh大电池 20W快充 4800万

38万+条评价

荣耀京东自营旗舰店

自营 放心购

图3-1 部分手机信息

表3-3   "商品信息"数据表中的示例数据

序号	商品编号	商品名称	商品类型	价格	品牌
1	100009177424	华为 Mate 30 5G	手机	4499.00	华为（HUAWEI）
2	100004559325	华为荣耀 20S	手机	1899.00	华为（HUAWEI）
3	100006232551	OPPO Reno3 双模 5G	手机	2999.00	OPPO
4	100011351676	小米 10 Pro 双模 5G	手机	4999.00	小米（MI）
5	100005724680	戴尔 G3	笔记本电脑	6099.00	戴尔（DELL）
6	100003688077	联想拯救者 Y7000P	笔记本电脑	8499.00	联想（Lenovo）
7	100005603836	惠普暗影精灵 GTX	笔记本电脑	6299.00	惠普（HP）
8	100005638619	华为荣耀 MagicMallDB	笔记本电脑	3599.00	华为（HUAWEI）
9	100004541926	TCL65T680	电视机	4199.00	TCL
10	100000615806	长虹 55D7P	电视机	2699.00	长虹（CHANGHONG）
11	100004372958	创维 50V20	电视机	1599.00	创维（Skyworth）
12	100013232838	海尔 LU58J51	电视机	3999.00	海尔（Haier）
13	100005624340	海信 HZ55E5D	电视机	3299.00	海信（Hisense）

序号	商品编号	商品名称	商品类型	价格	品牌
14	100014512520	格力 KFR-72LW/NhAb3BG	空调	7998.00	格力（GREE）
15	100013973228	美的 KFR-35GW/N8MJA3	空调	1999.00	美的（Midea）

在京东网上商城首页的全部商品分类列表中单击【图书】超链接，打开"图书"页面，然后在搜索框中输入图书名称关键字"MySQL"，按【Enter】键，显示的部分图书信息如图 3-2 所示，这些图书信息源自后台数据库中的"图书信息"数据表，"图书信息"数据表中的示例数据如表 3-4 和表 3-5 所示。

¥63.80　　　　　　　¥113.90　　　　　　　¥34.60　　　　　　　¥102.40

已购买商品 MySQL入门很轻松（微课超　高性能MySQL（第3版）（博文视点出品）　MySQL必知必会(图灵出品)　MySQL必知　MySQL 8从入门到精通（视频教学版）诠
8条评价　　　　　　　6.3万+条评价　　　　9.1万+条评价　　　　1400+条评价
清华大学出版社　　　电子工业出版社　　　人民邮电出版社　　　清华大学出版社
自营 放心购　　　　自营 放心购 赠　　　自营 放心购 赠　　　自营 放心购 赠
♡关注 电子书 加入购物车　　　♡关注 电子书 加入购物车　　　♡关注 电子书 加入购物车　　　♡关注 电子书 加入购物车

图3-2　部分图书信息

表3-4　　　　　　　　　　　"图书信息"数据表中的示例数据（1）

序号	商品编号	图书名称	商品类型	价格	出版社
1	12631631	HTML5+CSS3 网页设计与制作实战	图书	47.10	人民邮电出版社
2	12303883	MySQL 数据库技术与项目应用教程	图书	35.50	人民邮电出版社
3	12634931	Python 数据分析基础教程	图书	39.30	人民邮电出版社
4	12528944	PPT 设计从入门到精通	图书	79.00	人民邮电出版社
5	12563157	给 Python 点颜色 青少年学编程	图书	59.80	人民邮电出版社
6	12520987	乐学 Python 编程 - 做个游戏很简单	图书	69.80	清华大学出版社
7	12366901	教学设计、实施的诊断与优化	图书	48.80	电子工业出版社
8	12325352	Python 程序设计	图书	39.60	高等教育出版社
9	11537993	实用工具软件任务驱动式教程	图书	29.80	高等教育出版社
10	12482554	Python 数据分析基础教程	图书	35.50	电子工业出版社
11	12728744	财经应用文写作	图书	41.70	人民邮电出版社

表3-5 "图书信息"数据表中的示例数据（2）

序号	ISBN	作者	版次	开本	出版日期
1	9787115518002	颜珍平，陈承欢	4	16	2019/11/1
2	9787115474100	李锡辉，王樱	1	16	2021/2/1
3	9787115511577	郑丹青	1	16	2020/3/1
4	9787115454614	张晓景	1	16	2019/1/1
5	9787115512321	佘友军	1	16	2019/9/1
6	9787302519867	王振世	1	16	2019/4/1
7	9787121341427	陈承欢	1	16	2021/5/1
8	9787040493726	黄锐军	1	16	2021/3/1
9	9787040393293	陈承欢	2	16	2014/8/1
10	9787121339387	王斌会	1	16	2017/2/1
11	9787115473523	陈承欢	2	16	2019/10/1

【思考】这些查询到的手机数据、图书数据是如何从后台数据库中获取的？

2. 通过"高级搜索"方式搜索所需图书

启动浏览器，在地址栏中输入"京东网上商城高级搜索"的网址"https://search.jd.com/bookadv.html"，按【Enter】键，显示"高级搜索"的网页，在中部的【书名】输入框中输入"网页设计与制作实战"，在【作者】输入框中输入"陈承欢"，在【出版社】输入框中输入"人民邮电出版社"，搜索条件的设置如图 3-3 所示。

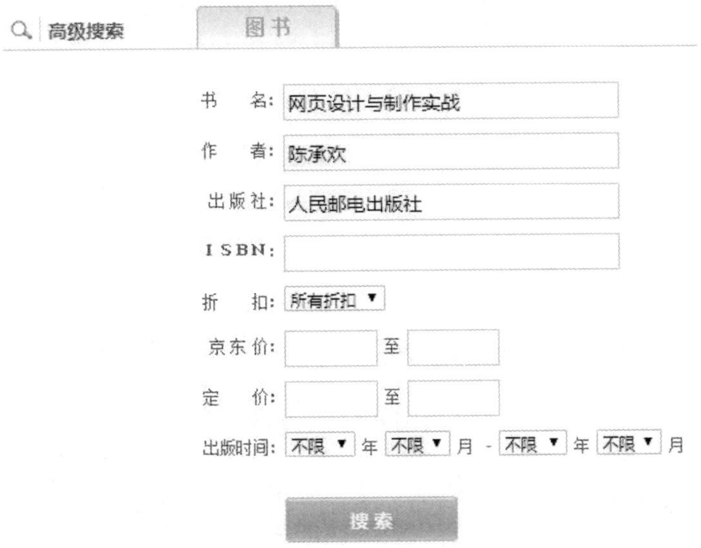

图3-3 设置高级搜索条件

单击【搜索】按钮，高级搜索的结果如图 3-4 所示。

图3-4　高级搜索的结果

3. 查看商品详情

在图 3-4 所示的高级搜索结果页面中选择京东自营店铺的图书"HTML5+CSS3 网页设计与制作实战",单击图书图片或图书名称,打开该图书的详情页面,浏览该图书的商品介绍,如图 3-5 所示。

商品介绍	售后保障	商品评价(0)	问答互动	本店好评商品	加入购物车

出版社:人民邮电出版社	ISBN:9787115518002	版次:4	商品编号:12631631
品牌:人民邮电出版社	包装:平装	丛书名:高职高专名校名师精品"十...	开本:16开
出版时间:2019-11-01	用纸:胶版纸	页数:304	字数:522
正文语种:中文			

图3-5　图书"HTML5+CSS3网页设计与制作实战"详情页面中的商品介绍

商品详情页面所显示的图书信息有相同的数据源,即后台数据库中的"图书信息"数据表。

【思考】这里查询到的图书详细数据是如何从后台数据库中获取的?

这里所看到的查询条件设置页面(图 3-3)和查询结果页面(图 3-4)等都属于 B/S 模式的数据库应用程序的一部分。购物网站为用户提供了友好的界面,为用户搜索所需商品提供了方便。从图 3-4 可知,查询结果中包含了书名、价格、经销商等信息,该网页显示出来的这些数据到底是源自哪里呢?又是如何得到的呢?应用程序实际上只是一个数据处理者,它所处理的数据必然是从某个数据源中取得的，这个数据源就是数据库。数据库就像是一个数据仓库，保存着数据库应用程序需要获取的相关数据，如每本图书的名称、出版社、价格、ISBN等，这些数据以数据表的形式存储。这里查询结果的数据也源自后台数据库中的"图书信息"数据表。

【思考】高级搜索结果页面的图书数据是如何从后台数据库中获取的？

4．实现用户注册

在京东网上商城首页顶部单击【免费注册】超链接，打开用户注册页面，选择【个人用户】选项卡，分别在用户名、请设置密码、请确认密码、验证手机、短信验证码和验证码等选项中输入合适的内容，如图3-6所示。

单击【立即注册】按钮，提示注册成功，这样便在后台数据库的"用户"数据表中新增了一条用户记录。

【思考】注册新用户在后台数据库中是如何实现的？

5．实现用户登录

在京东网上商城首页顶部单击【请登录】超链接，打开用户登录页面，分别在用户名和密码输入框中输入已成功注册的用户名和密码，如图3-7所示。单击【登录】按钮，登录成功后，会在网页顶部显示已登录用户的名称。

图3-6 用户注册页面　　　　　　　　　　图3-7 用户登录页面

【思考】这里的用户登录对后台数据库中的"用户"数据表进行了什么操作？

6．选购商品

在商品浏览页面中选中喜欢的商品后，单击【加入购物车】按钮，将所选商品添加到购物车中，已选购3本图书的购物车页面如图3-8所示。

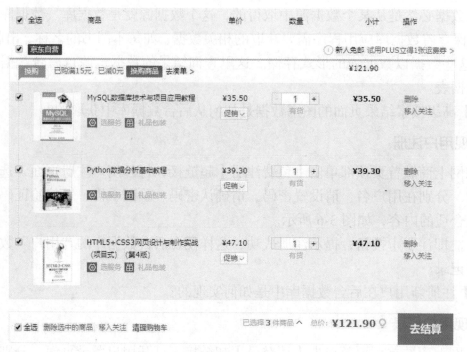

图3-8   购物车页面

【思考】这些选购图书的信息如何从后台数据库的"图书信息"数据表中获取,又如何添加到"购物车"数据表中?

7. 查看订单中已订购商品的信息

打开京东网上商城的"订单"页面,可以查看已订购商品的全部信息,如图3-9所示,这些信息以规范的列表形式显示。

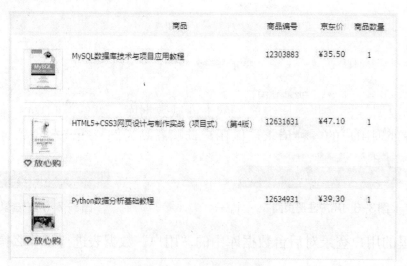

图3-9   已订购商品的信息

【思考】已订购商品的相关信息源自哪里?

8. 查看订单信息

打开京东网上商城的"订单"页面,可以查看订单信息,如图3-10所示。

订单信息

订单编号	132577605708
支付方式	货到付款
配送方式	京东快递
下单时间	2020-10-02 12:31:18
拆分时间	2020-10-02 12:31:18

图3-10 订单信息

【思考】这些订单信息源自哪里？

　　数据库不仅存放单个实体的信息，如商品类型、商品信息、图书信息、用户注册信息等，还存放着它们之间的联系数据，如订单信息中的数据。我们可以先通俗地给出一个数据库的定义，即数据库由若干个相互有联系的数据表组成。数据表可以从不同的角度进行观察，从横向来看，表由表头和若干行组成，表中的行也称为记录，表头确定了数据表的结构。从纵向来看，表由若干列组成，每列有唯一的名称，如表3-3所示的"商品信息"数据表包含多列，列名分别为序号、商品编号、商品名称、商品类型、价格和品牌，列也可以称为字段或属性。每一列有一定的取值范围，也称为域，如商品类型列，其取值只能是商品类型的名称，如数码产品、家电产品、电脑产品等，假设有10种商品类型，那么商品类型的每个取值只能是这10种商品类型名称之一。这里浅显地解释了与数据库有关的术语，有了数据库，即有了相互关联的若干个数据表，将数据存入这些数据表中，以后数据库应用程序就能找到所需的数据了。

　　数据库应用程序是如何从数据库中取出所需的数据的呢？数据库应用程序通过一个名为DBMS的软件来取出数据。DBMS是一个商品化的软件，它管理着数据库，使得数据以记录的形式存放在计算机中。例如，网上商城系统利用DBMS保存图书信息，并提供按图书名称、作者、出版社、定价进行查询等多种查询方式。网上商城系统利用DBMS管理商品数据、用户数据、订单数据等，这些数据组成了网上商城数据库。可见，DBMS的主要任务是管理数据库，并负责处理用户的各种请求。以用户选购商品为例，在选购商品时，用户搜索所需的商品，网上商城系统将查询条件转换为DBMS能够接收的查询命令并传递给DBMS，该命令传给DBMS后，DBMS负责从"图书信息"数据表中找到对应的图书数据，并将数据返回给网上商城系统，再在网页中显示出来。当用户找到一本需要购买的图书并单击商品选购页面中的【加入购物车】按钮后，网上商城系统将要保存的数据转换为插入命令，该命令传递给DBMS后，DBMS负责执行命令，将选购的图书数据保存到"选购商品"数据表中。

　　通过以上分析，我们对数据库应用系统和DBMS的工作过程有了一个初步认识。用户通过数据库应用系统从数据库中获取数据时，首先输入相应的查询条件，应用程序将查询条件转换为查询命令；然后将该命令发给DBMS，DBMS根据收到的查询命令从数据库中取出数据返回给应用程序；再由应用程序以直观易懂的格式显示出查询结果。用户通过数据库应用系统向数据库存储数据时，首先在应用程序的数据输入界面中输入相应的数据，数据输入完毕后，用户向应用程序发出存储数据的命令；应用程序将该命令发送给 DBMS，DBMS 执行存储数据命令且将数据存储到数据库中。数据库应用系统和 DBMS 的工作过程可用图 3-11 表示。

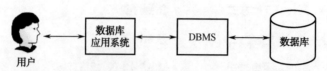

图3-11   数据库应用系统和DBMS的工作过程示意图

通常，一个完整的数据库系统由数据库、数据库管理系统（DBMS）、数据库应用程序、用户和硬件组成。用户与数据库应用程序交互，数据库应用程序与数据库管理系统交互，数据库管理系统访问数据库中的数据。一个完整的数据库系统还应包括硬件，数据库存放在计算机的外存中，数据库应用程序、数据库管理系统等软件都需要在计算机上运行，因此，数据库系统中必然会包含硬件，但本书不涉及硬件方面的内容。

数据库系统中只有 DBMS 才能直接访问数据库，MySQL 是一种 DBMS，其最大的优点是跨平台、开放源代码、速度快、成本低，是目前最流行的开放源代码的小型数据库管理系统，本书将利用 MySQL 有效管理数据库。

3.2   MySQL 数据类型的特点与选择

3.2.1   MySQL 数据类型及其特点

数据表由多个字段构成，每一个字段都有自己的数据类型，指定了字段的数据类型之后，也就决定了可以向字段插入的数据内容。

数据类型是对数据存储方式的一种约定，它能够规定数据所占存储空间的大小。MySQL数据库使用不同的数据类型存储数据，主要根据数据值的内容、大小、精度来选择数据类型。MySQL 中，系统数据类型主要分为数值类型、字符串类型、日期时间类型和特殊类型 4 种。下面主要讲解数值类型、字符串类型和日期时间类型。

1. 数值类型

所谓数值类型，就是用来存放数字型数据的，包括整数和小数。数值型数据是指字面值具有数学含义，能直接参与数值运算（例如求和、求平均值等）的数据，例如数量、单价、金额、比例等方面的数据。但是有些数据表面也为数字，却不具有数学含义，参与数值运算后的结果也没有数学含义，例如商品编号、邮政编码、电话号码、图书的 ISBN、学号、身份证号、银行账号等，这些数据虽然是由数字组成的，却为字符串类型。

（1）整数类型。

整数类型主要用于存放整数数据，MySQL 提供了多种整数类型，不同的数据类型有不同的取值范围，可以存储的值的范围越大，其所需要的存储空间也越大。不同整数类型的取值范围、占用字节大小和默认显示宽度如表 3-6 所示。

表3-6		MySQL中的不同整数类型		
名称	取值范围		占用字节大小	默认显示宽度
	有符号类型	无符号类型		
tinyint	−128 ～ 127	0 ～ 255（2^8−1）	1 字节	4 位
smallint	−32768 ～ 32767	0 ～ 65535（2^{16}−1）	2 字节	6 位
mediumint	−8388608 ～ 8388607	0 ～ 16777215（2^{24}−1）	3 字节	9 位
int（integer）	−2147483648 ～ 2147483647	0 ～ 4294967295（2^{32}−1）	4 字节	11 位
bigint	$-2^{63} \sim 2^{63}-1$	$0 \sim 2^{64}-1$	8 字节	20 位

MySQL 支持在整数类型关键字后面的括号内指定整数值的显示宽度，使用 int(N) 的形式指定显示宽度，即指定能够显示的数字个数为 N。例如，假设声明一个 int 类型的字段 number int(4)，该声明指出 number 字段中的数据一般只显示 4 位数字。这里需要注意的是，显示宽度和数据类型的取值范围是无关的。显示宽度只是指明 MySQL 最大可能显示的数字个数，数值的位数小于指定的宽度时会由空格填充；如果插入了大于显示宽度的值，只要该值不超过该类型整数的取值范围，数值依然可以插入，而且能够显示出来。例如，假如向 number 字段插入一个数值 19999，当使用 Select 语句查询该字段值时，MySQL 显示的将是完整的带有 5 位数字的 19999，而不是 4 位数字的值。

其他整数型数据类型也可以在定义表结构时指定所需的显示宽度，如果不指定，则系统会为每一种类型指定默认的宽度值，默认显示宽度与其有符号数最小值的宽度相同，这些默认显示宽度能够保证显示每一种数据类型可以取到取值范围内的所有值。例如 tinyint 有符号数和无符号数的取值范围分别为 -128 ～ 127 和 0 ～ 255，由于负号占了一个数字位，因此 tinyint 默认的显示宽度为 4。

【提示】显示宽度只用于控制显示的数字个数，并不能限制取值范围和占用的存储空间，例如 int(3) 会占用 4 个字节的存储空间，并且允许的最大值也不会是 999，而是 int 整型所允许的最大值。

不同的整数类型有不同的取值范围，并且需要不同的存储空间。因此，应该根据实际需要选择最合适的数据类型，这样有利于提高查询的效率和节省存储空间。

（2）小数类型。

MySQL 中使用浮点数和定点数来表示小数。浮点类型有两种：单精度浮点类型（float）和双精度浮点类型（double）。定点类型只有一种：decimal。浮点类型和定点类型都可以使用 (m,n) 来表示，其中 m 表示总共的有效位数，也称为精度；n 表示小数的位数。MySQL 中的不同小数类型如表 3-7 所示。

表3-7		MySQL中的不同小数类型
名称	占用字节大小	说明
Float(m , n)	4 字节	单精度浮点型，可以精确到小数点后 7 位
double(m , n)	8 字节	双精度浮点型，可以精确到小数点后 15 位
decimal(m , n)	m+2 字节	定点小数类型，其最大有效位数为 65 位，可以精确到小数点后 30 位

decimal 类型不同于 float 和 double，decimal 实际是以字符串存放的，其存储位数并不是固定不变的，而由有效位数决定，占用"有效位数 +2"字节。

不管是定点类型还是浮点类型，如果用户指定的精度超出其精度范围，则会进行四舍五入处理。如果实际有效位数超出了用户指定的有效位数，则以实际的有效位数为准。例如，有一个字段定义为 float(5,3)，如果插入一个数 123.45678，那么数据库里实际存的是123.457。

float 和 double 在不指定精度时，默认会按照实际的精度（由计算机硬件和操作系统决定）存储，decimal 如不指定精度，则默认为 (10,0)。

2. 字符串类型

字符串类型也是重要的数据类型之一，主要用于存储字符串或文本信息。MySQL 支持两类字符串数据：文本字符串和二进制字符串。在 MySQL 数据库中，常用的字符串类型主要包括 char、varchar、binary、varbinary、text 等，如表 3-8 所示。

表3-8   MySQL中的不同字符串类型

名称	取值范围	说明
char(n)	最多 255 个字符	用于声明一个定长的数据，n 代表存储的最大字符数
varchar(n)	最多 65535 个字符	用于声明一个变长的数据，n 代表存储的最大字符数
binary(n)	最多 255 个字符	用于声明一个定长的二进制数据，n 代表存储的最大字符数
varbinary(n)	最多 65535 个字符	用于声明一个变长的二进制数据，n 代表存储的最大字符数
tinytext	最多 255 个字符	用于声明一个变长的数据
text	最多 65535 个字符	用于声明一个变长的数据
mediumtext	最多 16777215 个字符	用于声明一个变长的数据
longtext	最多 4294967295 个字符	用于声明一个变长的数据

变长字符串类型，如 varchar、text 等，其存储需求取决于值的实际长度，而不是取决于类型支持的最大长度。例如，一个 varchar(9) 字段能保存最大长度为 9 个字符的字符串，实际的存储需求是字符串的长度，再加上 1 个字节以记录字符串的长度。对于字符串 'good'，字符串长度是 4 而存储要求是 5 个字节。

3. 日期时间类型

在数据库中经常会存放一些日期时间数据，例如出生日期、出版日期等。日期和时间类型的数据也可以使用字符串类型存放，但为了使数据标准化，数据库中提供了专门存储日期和时间的数据类型。在 MySQL 中，日期时间类型包括 date、time、datetime、timestamp和 year 等，当只需记录年份数据时，可以使用 year 类型，而没有必要使用 date 类型，每一种日期时间类型都有取值范围，当插入不合法的值时，系统会将"零"值插入字段中。MySQL 中的不同日期时间类型如表 3-9 所示。

表3-9   MySQL中的不同日期时间类型

名称	占用字节大小	使用说明
year	1 字节	存储年份值，其格式是 YYYY，日期范围为 1901 至 2155，例如 '2021'
date	3 字节	存储日期值，其格式是 YYYY-MM-DD，例如 '2021-12-2'
time	3 字节	存储时间值，其格式是 HH:MM:SS，例如 '12:25:36'

名称	占用字节 大小	使用说明
datetime	8 字节	存储日期时间值，其格式是 YYYY-MM-DD HH:MM:SS，例如 '2021-12-2 22:06:44'
timestamp	4 字节	显示格式与 datetime 相同，显示宽度固定为 19 个字符，即 YYYY-MM-DD HH:MM:SS，但其取值范围小于 datetime 的取值范围

若定义一个字段为 timestamp，这个字段里的时间数据会随其他字段的修改自动更新，所以这个数据类型的字段可以自动存储该记录最后被修改的时间。

在程序中给日期时间类型字段赋值时，可以使用字符串类型或者数值类型的数据，只要符合相应类型的格式即可。

3.2.2　MySQL 数据类型的选择

MySQL 提供了大量的数据类型，为了优化存储，提高数据库的性能，选择数据类型时应使用最精确的类型。当需要选择数据类型时，在可以表示该字段值的所有类型中，应当使用占用存储空间最少的数据类型。因为这样不仅可以减少存储空间的占用，还可以在数据计算时减轻 CPU 的负担。

1. 整数类型和浮点类型的选择

如果不需要表示小数部分，则使用整数类型；如果需要表示小数部分，则使用浮点类型。对于浮点型数据，存入的数值会按字段定义的小数位进行四舍五入。浮点类型包括 float 和 double 类型，double 类型的精度比 float 类型高，因此，如果要求存储精度较高，应使用 double 类型，如果是精度较低的小数，则使用 float 类型。

2. 浮点类型和定点类型的选择

浮点类型（float 和 double）相对于定点类型 decimal 的优势是，在长度一定的情况下，浮点类型能表示更大的数据范围，其缺点是容易产生计算误差，因此对精确度要求比较高时，建议使用 decimal 类型。decimal 在 MySQL 中是以字符串形式存储的，用于存储精度要求相对较高的数据（如货币、科学数据等）。两个浮点型数据进行减法或比较运算时容易出现问题，如果要进行数值比较，最好使用 decimal 类型。

3. 日期类型和时间类型的选择

MySQL 针对不同种类的日期和时间数据，提供了很多种数据类型，例如 year 和 time。只需要存储年份，则使用 year 类型即可；如果只记录时间，使用 time 类型即可。如果需要同时存储日期和时间，则可以使用 datetime 或 timestamp 类型。由于 timestamp 类型的的取值范围小于 datetime 类型的取值范围，因此存储范围较大的日期时最好使用 datetime 类型。

timestamp 类型也有 datetime 类型不具备的特性，默认情况下，当插入一条记录但并没有给 timestamp 类型的字段指定具体的值时，MySQL 会把 timestamp 字段设置为当前的时间。因此当需要同时插入记录与当前时间时，使用 timestamp 类型会更方便。

4. char 类型和 varchar 类型的选择

char 类型是固定长度，varchar 类型是可变长度，varchar 会根据具体的长度来使用存储空间，另外 varchar 需要用额外的 1 ~ 2 个字节存储字符串长度（当字符串长度小于 255 时，用额外的 1 个字节来记录长度；当字符串长度大于 255 时，用额外的 2 个字节来记录长度）。char 类型可能会浪费一些存储空间，varchar 类型则是按实际长度存储，比较节省空间。例如 char(255) 和 varchar(255)，在存储字符串 "hello world" 时，char 会用一块 255 个字节的空间存放 11 个字符；而 varchar 就不会用 255 个字节，它先计算字符串长度为 11，然后再加上 1 个记录字符串长度的字节，一共用 12 个字节存储，这样 varchar 在存储不确定长度的字符串时会大大减少存储空间的占用。

对于 char(n)，如果存入的字符数小于 n，则会自动用空格补于其后，查询时会自动将插入数字尾部的空格去掉，所以 char 类型存储的字符串末尾不能有空格。而 varchar 类型在查询时不会删除尾部空格。

char 类型数据的检索速度要比 varchar 类型快。char(n) 是固定长度，例如，char(4) 不管存入几个字符，都将占用 4 个字节。varchar 则占用 "实际字符数 +1" 个字节（$n \leqslant 255$）或 "实际字符数 +2" 个字节 ($n>255$)，所以 varchar(4) 存入 3 个字符将占用 4 个字节。例如，对于字符串 "abcd"，其长度为 4，但占用 5 个字节，因为要加上 1 个用于存储字符串的长度的字节。存储的字符串长度较小，但在速度上有要求时可以使用 char 类型，否则建议使用 varchar 类型。

对于 MyISAM 存储引擎，最好使用固定长度的类型代替可变长度的类型，这样可以使整个数据表静态化，从而使数据检索速度更快，用空间换时间。对于 InnoDB 存储引擎，最好使用可变长度的类型，因为 InnoDB 数据表的存储格式不分固定长度和可变长度，因此使用 char 不一定比使用 varchar 更好。

5. varchar 类型和 text 类型的选择

varchar 类型可以指定长度 n，text 类型则不能指定长度。存储 varchar 类型数据占用 "实际字符数 +1" 个字节（$n \leqslant 255$）或 "实际字符数 +2" 个字节 ($n>255$)，存储 text 类型数据占用 "实际字符数 +2" 个字节。text 类型不能有默认值。

Varchar 类型的查询速度快于 text 类型，因为 varchar 类型可直接创建索引，text 类型创建索引要指定前多少个字符。当保存或查询 text 字段的值时，不会删除尾部空格。

【任务 3-2】如何合理选择 char 类型和 varchar 类型

【任务描述】

MySQL 中，char 类型和 varchar 类型是两种常用的字符串类型，char 类型是固定长度，varchar 类型是可变长度，如何进行合理选择以发挥这两种数据类型各自的优势？下面进行讲解。

【任务实施】

1. 从字符长度的角度考虑

长度较短的字段，使用 char 类型，例如门牌号：101、201、301 等。

长度固定的字段，使用 char 类型，例如身份证号、手机号、邮政编码等。因为这些数据都是固定长度，varchar 类型根据长度动态存储的特性就没作用了，而且还要用一个字节来存储长度。

字段的长度是否相近，如果某个字段其长度虽然比较长，但是其长度总是近似的，例如一般在 90 到 100 个字符之间，甚至是相同的长度，此时比较适合采用 char 类型。

2. 从碎片角度考虑

使用 char 类型时，存储空间都是一次性分配的，从这个角度来讲，不存在碎片的困扰。而使用 varchar 类型时，因为存储的长度是可变的，当数据长度在更改前后不一致时，就不可避免地会出现碎片的问题。故使用 varchar 类型时，数据库管理员要时不时地对碎片进行整理，例如进行数据表导出导入作业来消除碎片。

3. 即使使用 varchar 类型，也不能够太过"慷慨"

虽然 varchar 类型可以自动根据长度调整存储空间，但是 varchar(100) 和 varchar(255) 还是有区别的：假设它们都存储了 90 个字符的数据，那么它们在磁盘上的存储空间是相同的（根据实际字符长度来分配存储空间）。但对内存来说，则不是这样的，内存使用 varchar 类型中定义的长度（这里为 100 或 255）的内存块来保存值。

所以如果某些字段涉及文件排序或者基于磁盘的临时表，分配 varchar 类型的长度时则不能过于"慷慨"，需要评估实际需要的长度，然后设置一个合适的长度，不能随意设置。

3.3　分析并确定数据表的结构

【任务 3-3】分析并确定多个数据表的结构

【任务描述】

分析以下各个表中数据的字面特征，区分固定长度的字符串数据、可变长度的字符串数据、整数数据、固定精度和小数位数的数据和日期时间数据，并用分类列表的形式进行说明。

"商品类型"数据表中的示例数据如表 3-2 所示。

"商品信息"数据表中的示例数据如表 3-3 所示。

"图书信息"数据表中的示例数据如表 3-4、表 3-5 所示，其中没有包含"封面图片"和"图书简介"两列数据。

"出版社信息"数据表中的示例数据如表 3-10 所示。

表3-10   "出版社信息"数据表中的示例数据

出版社 ID	出版社名称	出版社简称	出版社地址	邮政编码
1	人民邮电出版社	人邮	北京市东城区夕照寺街 14 号	100061
2	高等教育出版社	高教	北京西城区德外大街 4 号	100011
3	清华大学出版社	清华	北京清华大学学研大厦	100084
4	电子工业出版社	电子	北京市海淀区万寿路 173 信箱	100036
5	机械工业出版社	机工	北京市西城区百万庄大街 22 号	100037

"用户注册信息"数据表中的示例数据如表 3-11 所示。

表3-11   "用户注册信息"数据表中的示例数据

用户 ID	用户编号	用户名称	密码	权限等级	手机号码	用户类型
1	u00001	肖海雪	123456	A	13907336666	个人用户
2	u00002	李波兴	123456	A	13907336677	个人用户
3	u00003	肖娟	888	B	13907336688	个人用户
4	u00004	钟耀刚	666	B	13907336699	个人用户
5	u00005	李玉强	123	C	13307316688	个人用户
6	u00006	苑俊华	456	C	13307316699	个人用户

"客户信息"数据表中的示例数据如表 3-12 所示。

表3-12   "客户信息"数据表中的示例数据

客户 ID	客户姓名	地址	联系电话	邮政编码
1	蒋鹏飞	湖南浏阳长沙生物医药产业基地	83285001	410311
2	谭琳	湖南郴州苏仙区高期贝尔工业园	82666666	413000
3	赵梦仙	湖南长沙经济技术开发区东三路 5 号	84932856	410100
4	彭运泽	长沙经济技术开发区贺龙体校路 27 号	58295215	411100
5	高首	湖南省长沙市青竹湖大道 399 号	88239060	410152
6	文云	益阳高新区迎宾西路	82269226	413000
7	陈芳	长沙市芙蓉区嘉雨路 187 号	82282200	410001
8	廖时才	株洲市天元区黄河南路 199 号	22837219	412007

"订单信息"数据表中的示例数据如表 3-13 和表 3-14 所示。

表3-13   "订单信息"数据表中的示例数据（1）

序号	订单编号	提交订单时间	订单完成时间	送货方式	客户姓名	收货人
1	104117376996	2019-10-03 08:54:43	2019-10-06 23:40:10	京东快递	蒋鹏飞	尹灿荣
2	132577605718	2020-10-05 10:23:06	2020-10-05 13:39:21	京东快递	谭琳	崔英道
3	112148145580	2020-02-16 09:04:29	2020-02-20 11:11:57	上门自提	赵梦仙	金元
4	112140713889	2020-02-16 09:04:29	2020-02-20 11:11:57	京东快递	彭运泽	肖娟
5	132577605708	2020-10-02 12:31:18	2020-10-04 11:52:25	京东快递	钟耀刚	钟耀刚
6	110129391898	2020/2/20 15:29:58	2020/2/25 18:21:05	上门自提	陈芳	陈芳
7	127770170589	2020-10-08 11:25:16	2020-10-12 15:12:28	京东快递	高首	高首
8	127768559124	2020-10-08 08:23:54	2020-10-12 09:21:10	京东快递	文云	文云
9	127769119516	2020-10-18 15:28:18	2020-10-22 10:11:26	普通快递	廖时才	廖时才

表3-14　　　　　　　　　　　"订单信息"数据表中的示例数据（2）

序号	付款方式	商品总额	运费	优惠小计	应付总额	订单状态
1	货到付款	233.00	0.00	40.00	193.00	已完成
2	货到付款	100.30	0.00	0.00	100.30	已完成
3	在线支付	45.00	6.00	0.00	51.00	已完成
4	货到付款	122.90	0.00	0.00	122.90	已完成
5	在线支付	222.30	0.00	0.00	222.30	已完成
6	货到付款	321.50	0.00	80.00	241.50	已取消
7	在线支付	3999	0	200	3799	已完成
8	货到付款	4499	0	30	4469	已完成
9	货到付款	8499	0	0	8499	已完成

"订购商品"数据表中的示例数据如表 3-15 所示。

表3-15　　　　　　　　　　　"订购商品"数据表中的示例数据

序号	订单编号	商品编号	购买数量	优惠价格	优惠金额
1	104117376996	12631631	1	37.7	0
2	132577605718	12303883	1	28.4	0
3	132577605718	12634931	1	31.4	0
4	112148145580	12528944	2	63.2	10
5	112148145580	12563157	1	53.8	0
6	112148145580	12520987	4	62.8	20
7	112140713889	12366901	1	43.9	0
8	112140713889	12325352	1	35.6	0
9	112140713889	11537993	1	28.3	0
10	112140713889	12482554	1	33.7	0
11	132577605708	12728744	3	39.6	10
12	127770170589	100009177424	1	4499	0
13	127768559124	100003688077	1	8499	0
14	127769119516	100013232838	1	3999	200

熟知 MySQL 中各种数据类型的适用场合，根据 MySQL 数据类型的选择方法分析确定各个字段的数据类型，然后设计"商品类型""商品信息""图书信息""出版社信息""客户信息""订单信息""订购商品"等数据表的结构，包括确定字段名、数据类型、长度和是否允许 Null 值。

【任务实施】

1. 分析数据的字面特征和区分数据类型

分析表 3-2 至表 3-14 中数据的字面特征，按固定长度的字符串数据、可变长度的字符串数据、整数数据、固定精度和小数位数的数据和日期时间数据对这些数据进行分类，如表 3-16 所示。

表3-16　　　　　　　　　　　　　　对表3-2至表3-14中的数据进行分类

数据类型		数据名称
字符串	固定长度	商品编号、ISBN、邮政编码、用户编号、权限等级、订单编号、付款方式、送货方式、订单状态、联系电话、手机号码、出版社简称、密码
	可变长度	类型编号、类型名称、父类编号、商品名称、商品类型、品牌、图书名称、作者、出版社、出版社名称、出版社地址、用户名称、客户姓名、收货人、地址
数值	整数	版次、开本、购买数量、出版社 ID、用户 ID、客户 ID
	固定精度和小数位数	价格、优惠价格、优惠小计、商品总额、运费、优惠金额、应付总额
日期时间数据		出版日期、提交订单时间、订单完成时间

2．初步确定字段的数据类型

（1）不同的数据类型有其特定的用途，例如日期时间类型存储日期时间类数据；数值类型存储数值类数据，但商品编号、ISBN、联系电话、邮政编码、用户编号虽然全为数字，但并不是具有数学含义的数值，定义为字符串类型更合适；出版社 ID、用户 ID、客户 ID 将定义为自动生成编号的标识列，其数据类型应定义为数值类型。

（2）char(n) 数据类型是固定长度的。如果定义一个字段为 20 个字符的长度，则将存储 20 个字符。当输入少于定义的字符数 n 时，剩余的长度将被空格填满。只有当列中的数据是固定长度（例如邮政编码、电话号码、银行账户等）时才使用这种数据类型。当用户输入的字符串的长度大于定义的字符数 n 时，MySQL 自动截取长度为 n 的字符串。例如性别字段定义为 char(1)，这说明该列的数据长度为 1，只允许输入 1 个字符（例如"男"或"女"）。

（3）varchar(n) 数据类型是可变长度，每一条记录允许不同的字符数，最大字符数为定义的最大长度，数据的实际长度为输入字符串的实际长度，而不一定是 n。例如一个列定义为 varchar(50)，这说明该列中的数据最多可以有 49 个字符。然而，如果列中只存储了 3 个字符长度的字符串，则只会使用 3 个字符的存储空间。这种数据类型适宜于数据长度不固定的情形，例如商品名称、姓名、地址等。

3．设计数据表的结构

（1）"商品类型"数据表的结构数据如表 3-17 所示。

表3-17　　　　　　　　　　　　　　"商品类型"数据表的结构数据

字段名称	数据类型	字段长度	是否允许 Null 值
类型编号	varchar	9	否
类型名称	varchar	10	否
父类编号	varchar	7	否

（2）"商品信息"数据表的结构数据如表 3-18 所示。

表3-18　　　　　　　　　　　　"商品信息"数据表的结构数据

字段名称	数据类型	字段长度	是否允许 Null 值
商品编号	varchar	12	否
商品名称	varchar	100	否
商品类型	varchar	9	否
价格	decimal	8,2	否
品牌	varchar	15	是

（3）"出版社信息"数据表的结构数据如表 3-19 所示。

表3-19　　　　　　　　　　　　"出版社信息"数据表的结构数据

字段名称	数据类型	字段长度	是否允许 Null 值
出版社 ID	int	—	否
出版社名称	varchar	16	否
出版社简称	varchar	6	是
出版社地址	varchar	50	是
邮政编码	char	6	是

（4）"图书信息"数据表的结构数据如表 3-20 所示。

表3-20　　　　　　　　　　　　"图书信息"数据表的结构数据

字段名称	数据类型	字段长度	是否允许 Null 值
商品编号	varchar	12	否
图书名称	varchar	100	否
商品类型	varchar	9	否
价格	decimal	5,2	否
出版社	varchar	16	否
ISBN	varchar	20	否
作者	varchar	30	是
版次	smallint	—	是
出版日期	date	—	是
封面图片	varchar	50	是
图书简介	text	—	是

【说明】表 3-18 中的"封面图片"的数据类型定义为 varchar，用于存储封面图片的存放路径和名称，这里并没有存储图片的二进制数据。

（5）"客户信息"数据表的结构数据如表 3-21 所示。

表3-21　　　　　　　　　　　　"客户信息"数据表的结构数据

字段名称	数据类型	字段长度	是否允许 Null 值
客户 ID	int	—	否
客户姓名	varchar	20	否
地址	varchar	50	是
联系电话	varchar	20	是
邮政编码	char	6	是

（6）"订单信息"数据表的结构数据如表 3-22 所示。

表3-22　　　　　　　　　　　　　"订单信息"数据表的结构数据

字段名称	数据类型	字段长度	是否允许 Null 值
订单编号	char	12	否
提交订单时间	datatime	—	否
订单完成时间	datatime	—	否
送货方式	varchar	10	否
客户姓名	varchar	20	否
收货人	varchar	20	否
付款方式	varchar	8	否
商品总额	decimal	10,2	否
运费	decimal	8,2	否
优惠小计	decimal	10,2	否
应付总额	decimal	10,2	否
订单状态	varchar	6	是

（7）"订购商品"数据表的结构数据如表 3-23 所示。

表3-23　　　　　　　　　　　　　"订购商品"数据表的结构数据

字段名称	数据类型	字段长度	是否允许 Null 值
订单编号	char	12	否
商品编号	varchar	12	否
购买数量	smallint	—	否
优惠价格	decimal	8,2	否
优惠金额	decimal	10,2	否

3.4　创建数据表

创建完数据库之后，接下来就要在数据库中创建数据表。

【任务 3-4】使用 Create Table 语句创建"用户表"

数据表隶属于某个数据库，在创建数据表之前，应使用语句"Use <数据库名>"指定操作是在哪个数据库中进行，如果没有选择数据库，则会抛出"No database selected"提示信息。

创建数据表的语句为 Create Table，基本语法规则如下：

```
Create Table [ if not exists ] <数据表名称>
(
    <字段名称1>  <数据类型> [<列级别约束条件>] [<默认值>] ,
    <字段名称2>  <数据类型> [<列级别约束条件>] [<默认值>] ,
    ……
    [ <表级别约束条件> ]
) ;
```

【说明】

① 创建数据表时，必须指定待创建数据表的名称，数据表的名称不区分大小写，必须符合 MySQL 标识符的命名规则，不能使用 SQL 中的关键字，例如不能使用 Select、Insert、Drop 等关键字。

② 数据表的字段定义包括指定名称和数据类型，有的数据类型需要指明长度 n，并用括号括起来。如果创建多个字段，要用半角逗号 "," 进行分隔。

③ if not exists：在创建数据表前进行一个判断，只有该数据表目前尚不存在才执行 Create Table 命令，避免出现重复创建数据表的现象。

④ 列级别约束条件包括是否允许空值（不允许空值则加上 Not Null，如果不指定，则默认认为 Null）、设置自增属性（使用 Auto_Increment）、设置索引（使用 Unique）、设置主键（使用 Primary Key）、设置外键等。

⑤ 表级别约束条件主要涉及表数据如何存储及存储在何处，一般不必指定。

【任务描述】

在 MallDB 数据库中创建一个名称为 "用户表" 的数据表，用于存储用户注册信息，其结构如表 3-24 所示。

表3-24　　　　　　　　　　　　　　　"用户表"数据表的结构

序号	字段名	数据类型	长度	是否允许空值	备注
1	ID	int	—	否	用户 ID
2	UserNumber	varchar	10	是	用户编号
3	Name	varchar	30	是	姓名
4	UserPassword	varchar	15	是	密码

【任务实施】

1. 打开 Windows 命令行窗口，登录 MySQL 服务器

2. 选择创建表的数据库 MallDB

在命令提示符 "mysql>" 后面输入选择数据库的语句：

```
Use MallDB ;
```

3. 输入创建数据表的语句

在命令提示符 "mysql>" 后面输入创建数据表的语句：

```
Create Table 用户表
(
    ID            int          Not Null ,
    UserNumber    varchar(10)  Null ,
    Name          varchar(30)  Null ,
    UserPassword  varchar(15)  Null
);
```

按【Enter】键后，执行创建数据表的语句，显示 "Query OK, 0 rows affected (0.56 sec)" 提示信息，表示数据表创建成功。

4．查看数据表

在命令提示符"mysql>"后面输入以下语句：

```
Show tables ;
```

按【Enter】键后，从显示的信息中可以看出数据表创建成功，创建数据表的语句及执行结果如图 3-12 所示。

图3-12　创建数据表的语句及执行结果

【说明】使用 Create Table 语句创建数据表时，数据类型 int 不必设置长度，如果以"int(4)"形式指定整数类型的长度，执行该语句会出现"1 warning"警告信息。

【任务 3-5】使用 Navicat for MySQL 图形管理工具创建多个数据表

【任务描述】

（1）在 Navicat for MySQL 的图形化环境中创建"商品类型""商品信息""出版社信息""图书信息""客户信息""订单信息""订购商品"等数据表，这些数据表的结构数据如表 3-15 至表 3-21 所示，这里不考虑数据库中各个数据表数据的完整性问题。"商品类型"数据表只添加两个字段，"父类编号"暂不添加。"图书信息"数据表暂不添加"版次""封面图片""图书简介"3 个字段。

（2）在"商品类型"数据表中增加一个字段"父类编号"。

（3）在"图书信息"数据表的"作者"与"出版日期"两个字段之间中插入一个字段"版次"，在"出版日期"后面添加两个字段"封面图片""图书简介"。

【任务实施】

1．使用 Navicat for MySQL 的【表设计器】创建数据表

这里以创建"商品类型"数据表为例，说明在 Navicat for MySQL 中创建数据表的方法。

（1）启动图形管理工具 Navicat for MySQL。

（2）打开已有连接 MallConn。在【Navicat for MySQL】窗口的【文件】菜单中选择【打开连接】命令，打开 MallConn 连接。

（3）打开数据库 MallDB。在左侧列表中双击"malldb"，打开该数据库。

（4）打开【表设计器】。

用鼠标右键单击节点【表】，在弹出的快捷菜单中选择【新建表】命令，如图 3-13 所示，打开【表设计器】，系统默认创建了 1 个名称为"无标题"的表，如图 3-14 所示。【表设计器】中的【名】就是数据表的字段名称，【类型】是字段值的类型，【长度】用于设置字段值数据的长度，【小数点】用于设置数值类数据的小数位数，【不是 null】用来设置该字段中的值是否可以为空。

图3-13 选择【新建表】命令

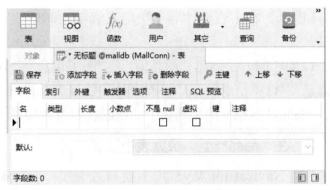

图3-14 【表设计器】的初始状态

（5）定义数据表的结构。

在【名】输入框中输入字段名"类型编号"，然后在【类型】下拉列表中选择指定的数据类型"varchar"，接着在【长度】输入框中输入"9"，选中【不是 null 值】对应的复选框，如图 3-15 所示。

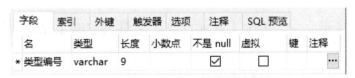

图3-15 在【表设计器】中定义字段结构

在【表设计器】的工具栏中单击【添加字段】按钮，添加一个字段，然后依次在【名】输入框中输入"类型名称"，在【类型】下拉列表中选择"varchar"，在【长度】输入框中输入"10"，再勾选【不是 null 值】对应的复选框，完整的表结构如图 3-16 所示。

图3-16 【表设计器】中"商品类型"数据表的结构数据

（6）保存数据表的结构数据。

在【表设计器】工具栏中单击【保存】按钮保存数据表的结构数据。在弹出的【表名】对话框中输入数据表的名称"商品类型"，如图 3-17 所示，然后单击【确定】按钮关闭该对话框，成功创建数据表"商品类型"，MallDB 数据库的表列表中将添加新创建的"商品类型"数据表，如图 3-18 所示。

图3-17　在【表名】对话框中输入数据表名称

图3-18　MallDB 数据库的表列表中添加了
"商品类型"数据表

【提示】在【表设计器】中定义表结构时暂没有为数据表设置主键。

以同样的方法创建"商品信息""图书信息""出版社信息""客户信息""订单信息"和"订购商品"数据表，详细过程不赘述。完成后 MallDB 数据库的表列表中的数据表如图 3-19 所示。

2. 在"商品类型"数据表中添加字段

在【Navicat for MySQL】窗口左侧展开"malldb"数据库，用鼠标右键单击数据表名称"商品类型"，在弹出的快捷菜单中选择【设计表】命令，或者在工具栏中单击【设计表】按钮，打开【表设计器】，在工具栏中单击【添加字段】按钮即可在已有字段后面添加一个新的字段。设置新字段的名称为"父类编号"，类型为"varchar"，长度为"7"，再勾选其【不是 null 值】对应的复选框。

图3-19　MallDB 数据库的表
列表中添加了多个数据表

数据表的结构修改完成后，单击【表设计器】工具栏中的【保存】按钮，保存对结构数据的修改。

3. 在"图书信息"数据表中添加字段

在【Navicat for MySQL】窗口左侧展开"malldb"数据库，单击数据表名称"图书信息"，单击【设计表】按钮，打开【表设计器】，在字段列表中选择"出版日期"字段，在工具栏中单击【插入字段】按钮即可在选中字段前面添加一个新的字段，设置新字段的名称为"版次"，类型为"smallint"，再勾选其【不是 null 值】对应的复选框，如图 3-20 所示。

新字段插入完成后，单击【表设计器】工具栏中的【保存】按钮，保存对结构数据的修改。

图3-20 在"图书信息"数据表中插入一个新字段"版次"

接着，继续在"图书信息"数据表中的"出版日期"字段后面添加两个新字段"封面图片"和"图书简介"，结果如图3-21所示。新字段添加完成后，单击【表设计器】工具栏中的【保存】按钮，保存对结构数据的修改。

图3-21 "图书信息"数据表的结构数据

3.5 查看 MySQL 数据库中的数据表及其结构

【任务 3-6】选择当前数据库并查看当前数据库中的所有数据表

【任务描述】

（1）使用 Use MallDB 语句选择当前数据库。

（2）使用 Show Tables 语句查看当前数据库中的所有数据表。

【任务实施】

1. 选择数据库 MallDB

在命令提示符 "mysql>" 后面输入以下语句：

```
Use MallDB ;
```

按【Enter】键即可切换当前数据库为 MallDB。

2. 使用 Show Tables 语句查看当前数据库中的所有数据表

在命令提示符 "mysql>" 后面输入语句 "Show tables ;"，按【Enter】
键后可以看到成功创建的各个数据表，如图 3-22 所示。

```
mysql> Show tables ;
+------------------+
| Tables_in_malldb |
+------------------+
| user             |
| 出版社信息       |
| 商品信息         |
| 商品类型         |
| 图书信息         |
| 图书信息2        |
| 客户信息         |
| 用户表           |
| 订单信息         |
| 订单信息2        |
| 订购商品         |
+------------------+
```

图 3-22　查看数据库 MallDB 中的所有数据表

【任务 3-7】查看数据表的结构

在 MySQL 中，查看数据表的结构可以使用 Describe 语句和 Show Create Table 语句，通过这两个语句，可以查看数据表的字段名、字段的数据类型和完整性约束条件等。

（1）使用 Describe 语句查看数据表的基本结构。

在 MySQL 中，Describe 语句可以查看数据表的结构信息，包括字段名、字段数据类型、是否为主键和默认值等，其语法格式如下：

```
{ Describe | Desc } <数据表名称> [ <字段名称> | <通配符> ] ;
```

Describe 可缩写为 Desc，二者用法相同，可以查询直接字段名，也可以查询包含通配符 "%" 和 "_" 的字符串。

（2）使用 Show Create Table 语句查看数据表的详细结构。

在 MySQL 中，Show Create Table 语句可以查看数据表的详细结构，包括数据表的字段名、字段的数据类型、完整性约束条件等信息，还可以查看数据表默认的存储引擎、字符集等。其语法格式如下：

```
Show Create Table <数据表名称> ;
```

【任务描述】

（1）使用 Describe 语句查看 "商品类型" 数据表的结构数据。

（2）使用 Describe 语句查看 "图书信息" 数据表中的 "图书名称" 字段的结构数据。

（3）使用 Show Create Table 语句查看创建 "图书信息" 数据表的 Create Table 语句。

【任务实施】

打开 Windows 命令行窗口，登录 MySQL 服务器，然后选择数据库 MallDB。

1. 使用 Describe 语句查看 "商品类型" 数据表的结构数据

代码如下：

```
Describe 商品类型 ;
```

执行结果如图 3-23 所示。

图 3-23 中各个列名的含义解释如下。

① Field：表示字段名。

```
+--------------+-------------+------+-----+---------+-------+
| Field        | Type        | Null | Key | Default | Extra |
+--------------+-------------+------+-----+---------+-------+
| 类型编号     | varchar(9)  | NO   |     | NULL    |       |
| 类型名称     | varchar(10) | NO   |     | NULL    |       |
| 父类编号     | varchar(7)  | NO   |     | NULL    |       |
+--------------+-------------+------+-----+---------+-------+
```

图3-23 查看"商品类型"数据表结构数据的结果

② Type：表示数据类型及长度。

③ Null：表示对应字段是否可以存储 Null 值。

④ Key：表示对应字段是否已设置了约束。PRI 表示设置了主键约束，UNI 表示设置了唯一约束，MUL 表示允许给定值出现多次。

⑤ Default：表示对应字段是否有默认值；NULL：表示没有设置默认值。如果有默认值则显示其值。

⑥ Extra：表示相关的附加信息，例如 Auto_Increment 等。

2. 使用 Describe 语句查看"图书信息"数据表中的"图书名称"字段的结构数据

代码如下：

```
Describe 图书信息 图书名称 ;
```

执行结果如图 3-24 所示。

```
+--------------+--------------+------+-----+---------+-------+
| Field        | Type         | Null | Key | Default | Extra |
+--------------+--------------+------+-----+---------+-------+
| 图书名称     | varchar(100) | NO   |     | NULL    |       |
+--------------+--------------+------+-----+---------+-------+
```

图3-24 查看"图书信息"数据表中的"图书名称"字段的结构数据

3. 使用 Show Create Table 语句查看创建"图书信息"数据表的 Create Table 语句

代码如下：

```
Show Create Table 图书信息 ;
```

执行结果中对应的 Create Table 语句如下：

```
CREATE TABLE '图书信息' (
  '商品编号' varchar(12) NOT NULL,
  '图书名称' varchar(100) NOT NULL,
  '商品类型' varchar(9) NOT NULL,
  '价格' decimal(5,2) NOT NULL,
  '出版社' varchar(16) NOT NULL,
  'ISBN' varchar(20) NOT NULL,
  '作者' varchar(30) DEFAULT NULL,
  '版次' smallint DEFAULT NULL,
  '出版日期' date DEFAULT NULL,
  '封面图片' varchar(50) DEFAULT NULL,
  '图书简介' text
) ENGINE=MyISAM DEFAULT CHARSET=utf8
```

3.6 修改 MySQL 数据表的结构

数据表创建完成后，还可以根据实际需要对数据表进行修改，例如修改数据表名称、修改字段名称与数据类型等。

【任务 3-8】使用 Navicat for MySQL 修改数据表的结构

【任务描述】

（1）将数据库 MallDB 中"用户表"的名称修改为"用户信息"。

（2）将数据表"图书信息"中的字段"出版社"的数据类型修改为"int"，将字段"封面图片"的数据类型修改为"blob"。

（3）将数据表"用户信息"中的字段名称"ID"修改为"UserID"，将数据表"图书信息"中的字段名称"出版社"修改为"出版社 ID"。

（4）在数据表"图书信息"中"出版日期"字段之前增加一个字段"开本"，数据类型设置为"varchar"，长度设置为"3"。

（5）将数据表"图书信息"的存储引擎由"InnoDB"修改为"MyISAM"。

【任务实施】

首先启动图形管理工具 Navicat for MySQL，打开连接 MallConn，打开数据库 MallDB。

1. 重命名数据表

在"数据库对象"窗格中依次展开"malldb"→"表"，然后用鼠标右键单击表节点"用户表"，在弹出的快捷菜单中选择【重命名】命令，如图 3-25 所示。数据表名称进入可编辑状态，将名称修改为"用户信息"后按【Enter】键即可，如图 3-26 所示。

图3-25　选择【重命名】命令

图3-26　修改数据表名称

2. 修改字段的数据类型

在"数据库对象"窗格中依次展开"malldb"→"表"，用鼠标右键单击表节点"图书信息"，在弹出的快捷菜单中选择【设计表】命令，打开【表设计器】，并显示【字段】选项卡。

　　然后将鼠标光标置于"出版社"字段的【类型】单元格中，然后单击 按钮，在下拉列表中选择类型"int"，如图3-27所示。同时将原有类型的长度设置为0。

　　接下来，将鼠标光标置于"封面图片"字段的【类型】单元格中，然后单击 按钮，在下拉列表中选择类型"blob"，如图3-28所示。同时将原有类型的长度设置为0。

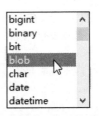

图3-27　在【类型】下拉列表中选择"int"　　　　图3-28　在【类型】下拉列表中选择"blob"

　　单击【表设计器】工具栏中的【保存】按钮，保存对数据类型的修改。

3. 修改数据表的字段名

　　打开"用户信息"数据表的【表设计器】，在"ID"字段名处单击，进入编辑状态，然后将该字段名修改为"UserID"，如图3-29所示。

图3-29　在【表设计器】中修改"用户信息"数据表的字段名"ID"为"UserID"

　　单击【表设计器】工具栏中的【保存】按钮，保存对字段名"ID"的修改。

　　在"图书信息"数据表的【表设计器】的"出版社"字段名处单击，进入编辑状态，然后将该字段名修改为"出版社ID"，单击【表设计器】工具栏中的【保存】按钮，保存对字段名"出版社"的修改。修改结果如图3-30所示。

4. 在数据表中新增字段

　　切换到"图书信息"数据表的【表设计器】，用鼠标右键单击"出版日期"字段，在弹出的快捷菜单中选择【插入字段】命令，如图3-31所示，即可插入一个新的字段，设置新字段的名称为"开本"，数据类型为"varchar"，长度为"3"。

图3-30　在【表设计器】中修改"图书信息"
数据表的字段名"出版社"为"出版社ID"

图3-31　选择【插入字段】命令

单击【表设计器】工具栏中的【保存】按钮，保存新增的字段，保存后的结果如图 3-32 所示。

图3-32　在数据表"图书信息"中新增一个字段的结果

【说明】如果要在【表设计器】中删除数据表中的字段，只需用鼠标右键单击该字段，在弹出的快捷菜单中选择【删除字段】命令即可。也可以单击选择待删除的字段，然后在【表设计器】工具栏中单击【删除字段】按钮。

5. 修改数据表的存储引擎

在"图书信息"数据表的【表设计器】中切换到【选项】选项卡，在"引擎"下拉列表中选择"MyISAM"存储引擎，如图 3-33 所示。

单击【表设计器】工具栏中的【保存】按钮保存对存储引擎的更改。

【说明】如果需要调整数据表中各个字段的顺序，在【表设计器】先选中该字段，然后单击【上移】按钮或【下移】按钮即可。

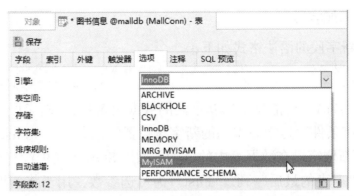

图3-33　在"图书信息"数据表的【表设计器】的【选项】选项卡中修改存储引擎

【任务 3-9】使用 Alter Table 语句修改数据表的结构

MySQL 中使用 Alter Table 语句修改数据表，常用修改数据表的操作有：数据表重命名、修改字段名或数据类型、添加或删除字段、修改字段的排列顺序、更改数据表的存储引擎等。具体的语法格式如下。

1. 修改数据表的名称

MySQL 中修改数据表名称的语法格式如下：

```
Alter Table <原数据表名称> Rename [To] <新数据表名称>;
```

"原数据表名称"是指修改之前的数据表名称，"新数据表名称"是指修改后的数据表名称，"To"是可选参数，其是否在语句中出现不会影响执行结果。

2. 修改数据表中字段的数据类型

修改数据表中字段的数据类型，就是把字段的数据类型转换成另一种数据类型，MySQL 中修改字段数据类型的语法格式如下：

```
Alter Table <数据表名称> Modify <字段名称> <数据类型>;
```

"数据表名称"是指修改数据类型的字段所在数据表的名称，"字段名称"是指需要修改数据类型的字段，"数据类型"是指修改后字段的新数据类型。

3. 修改数据表中字段的名称

数据表中的字段名称可以根据需要进行修改，MySQL 中修改字段名称的语法格式如下：

```
Alter Table <数据表名称> Change <原字段名称> <新字段名称> <新数据类型>;
```

这里的"数据表名称"是指要修改名称的字段所在的数据表，"原字段名称"是指修改前的字段名称，"新字段名称"是指修改后的字段名称，"新数据类型"是指修改后字段的数据类型，如果不需要修改字段的数据类型，可以将新数据类型设置为与原来一样，但数据类型不能为空。

修改字段名称的语句也可以修改数据类型，方法是使语句中的"新字段名称"和"原字段名称"相同，只是改变数据类型。

【注意】修改数据表的数据类型时可能会影响到数据表中已有的数据记录，当数据表中已经有数据时，不要轻易修改数据类型。

4. 在数据表中添加字段

MySQL 中添加新字段的语法格式如下：

```
Alter Table <数据表名称> Add <新字段名称> <数据类型> [ 约束条件 ]
                          [ First | After <已存在字段名称> ] ;
```

这里的"数据表名称"是指要添加新字段的数据表名称，"新字段名称"是指需要添加的字段的名称，"约束条件"是指为添加的新字段设置约束条件，" First | After <已存在字段名称 >"用于指定新增字段在数据表中的位置，如果 SQL 语句中没有该参数，则默认将新添加的字段设置在数据表的最后一列。"First"为可选参数，用于将新增字段设置为数据表的第一个字段；"After <已存在字段名称 >"也为可选参数，用于将新增字段添加到指定的已存在字段的后面。

5. 更改数据表的存储引擎

MySQL 中更改数据表存储引擎的语法格式如下：

```
Alter Table <数据表名称> Engine=<更改后的存储引擎名> ;
```

6. 修改数据表中字段的排列顺序

MySQL 中修改数据表中字段的排列顺序的语法格式如下：

```
Alter Table <数据表名称> Modify <字段1的名称> <数据类型>
                          First | After <字段2的名称> ;
```

这里的"字段 1 的名称"指要修改位置的字段，"数据类型"指"字段 1"的数据类型。"First"为可选参数，指将"字段 1"修改为数据表的第 1 个字段；"After< 字段 2 的名称 >"也为可选参数，指将"字段 1"调整到"字段 2"的后面。

7. 删除数据表中的字段

MySQL 中删除数据表中字段的语法格式如下：

```
Alter Table <数据表名称> Drop <字段名称> ;
```

【任务描述】

（1）将数据库 MallDB 中"图书信息 2"的名称修改为"图书信息表"。

（2）将"图书信息表"中的字段"出版社"的数据类型修改为"int",将字段"封面图片"的数据类型修改为"blob"。

（3）将数据表"图书信息表"中的字段名"出版社"修改为"出版社 ID"，其数据类型为"int"。

（4）在数据表"图书信息表"中"出版日期"字段之后添加一个字段"开本"，数据类型设置为"varchar"，长度设置为"3"，约束条件不为空。

（5）将数据表"图书信息表"的存储引擎由"InnoDB"修改为"MyISAM"。

（6）将数据表"图书信息表"中的字段"商品类型"调整到"价格"字段之后。

（7）将数据表"图书信息表"中新添加的字段"开本"删除。

（8）将数据表"图书信息表"中字段"作者"的长度修改为"30"，将字段"价格"的长度修改为"8,2"。

（9）将数据库 MallDB 中数据表"图书信息表"的名称重新修改为"图书信息 2"。

【任务实施】

首先打开 Windows 命令行窗口，登录 MySQL 服务器，然后选择数据库 MallDB。

1. 重命名数据表

修改数据表"图书信息 2"名称的语句如下：

```
Alter  Table  图书信息 2  Rename  图书信息表 ；
```

2. 修改字段的数据类型

修改字段数据类型的语句如下：

```
Alter Table 图书信息表  Modify  出版社  int ；
Alter Table 图书信息表  Modify  封面图片  blob ；
```

3. 重命名数据表的字段

重命名数据表字段的语句如下：

```
Alter Table 图书信息表  Change  出版社 出版社 ID  int ；
```

4. 在数据表中添加新字段

在数据表中添加新字段"开本"的语句如下：

```
Alter Table 图书信息表 Add 开本 varchar(3) null After 出版日期 ；
```

以上操作完成后，使用"Desc 图书信息表；"语句查看数据表"图书信息表"，结果如图 3-34 所示。

```
+-----------+--------------+------+-----+---------+-------+
| Field     | Type         | Null | Key | Default | Extra |
+-----------+--------------+------+-----+---------+-------+
| 商品编号   | varchar(12)  | NO   |     | NULL    |       |
| 图书名称   | varchar(100) | NO   |     | NULL    |       |
| 商品类型   | varchar(9)   | NO   |     | NULL    |       |
| 价格      | decimal(5,2) | NO   |     | NULL    |       |
| 出版社 ID  | int          | NO   |     | NULL    |       |
| ISBN      | varchar(20)  | NO   |     | NULL    |       |
| 作者      | varchar(30)  | YES  |     | NULL    |       |
| 版次      | smallint     | YES  |     | NULL    |       |
| 出版日期   | date         | YES  |     | NULL    |       |
| 开本      | varchar(3)   | YES  |     | NULL    |       |
| 封面图片   | blob         | YES  |     | NULL    |       |
| 图书简介   | text         | YES  |     | NULL    |       |
+-----------+--------------+------+-----+---------+-------+
```

图 3-34 "图书信息表"部分结构数据被修改后的结果

5. 更改数据表的存储引擎

更改数据表存储引擎的语句如下：

```
Alter Table 图书信息表 Engine=MyISAM ；
```

6. 修改数据表中字段的排列顺序

修改数据表中字段的排列顺序的语句如下：

```
Alter Table 图书信息表  Modify  商品类型 varchar(9) not null After 价格 ；
```

7. 删除数据表中的字段

删除数据表中字段的语句如下：

```
Alter Table 图书信息表  Drop 开本 ;
```

8. 修改字段的长度

修改字段长度的语句如下：

```
Alter Table 图书信息表  Modify  作者  varchar(30) ;
Alter Table 图书信息表  Modify  价格  decimal(8,2)  ;
```

使用"Show Create Table 图书信息表；"语句可以查看数据表"图书信息表"存储引擎、字段的排列顺序等信息的变化情况，结果如下：

```
CREATE TABLE '图书信息表' (
  '商品编号' varchar(12) NOT NULL,
  '图书名称' varchar(100) NOT NULL,
  '价格' decimal(8,2) NOT NULL,
  '商品类型' varchar(9) NOT NULL,
  '出版社ID' int NOT NULL,
  'ISBN' varchar(20) NOT NULL,
  '作者' varchar(30) DEFAULT NULL,
  '版次' smallint DEFAULT NULL,
  '出版日期' date DEFAULT NULL,
  '封面图片' blob,
  '图书简介' text
) ENGINE=MyISAM DEFAULT CHARSET=utf8
```

9. 再次修改数据表的名称

为了便于后续各项任务的顺序开展，将"图书信息表"的名称重新修改为"图书信息2"，操作语句如下：

```
Alter  Table  图书信息表  Rename  图书信息2 ;
```

后续各项任务的操作仍然是针对数据表"图书信息2"进行的。

3.7　删除没有被关联的数据表

MySQL 数据库中不再需要的数据表，可以将其从数据库中删除。

【任务 3-10】删除没有被关联的数据表

删除数据表就是将数据库中已经存在的数据表从数据库中删除，在删除数据表的同时，数据表结构数据及中的所有数据都会被删除。因此，在进行删除操作前，最好对数据表的数据进行备份，以免造成无法挽回的后果。

删除没有被关联的数据表的语法格式如下：

```
Drop Table [ if exists ]  <数据表3> , <数据表2> ,… <数据表n> ;
```

在 MySQL 中，使用 Drop Table 可以一次删除一个或多个没有被其他数据表关联的数据表，其中"数据表 n"为待删除数据表的名称，可以同时删除多个数据表，只需将待删除数据表的数据表名称依次写在"Drop Table"之后，并使用半角逗号","分隔即可。

如果待删除的数据表不存在，MySQL 则会给出相应提示信息。参数"if exists"用于在删除数据表之前判断删除的表是否存在，加上该参数后，如果待删除的数据表不存在，SQL 语句可以顺利执行，但会显示警告信息。

【任务描述】

（1）删除没有被其他表关联的数据表"user"。

（2）删除没有被其他表关联的数据表"订单信息2"和"图书信息2"。

【任务实施】

首先打开 Windows 命令行窗口，登录 MySQL 服务器，在命令提示符"mysql>"后面输入"use MallDB ;"语句（用于选择数据库 MallDB）。

1. 一次仅删除一个数据表

在命令提示符"mysql>"后面输入以下语句，删除一个没有被其他表关联的数据表：

```
Drop Table user ;
```

2. 一次删除多个数据

在命令提示符"mysql>"后面输入以下语句，删除两个没有被其他表关联的数据表：

```
Drop Table 订单信息2 , 图书信息2 ;
```

语句执行完毕，可以使用"Show tables ;"命令查看当前数据库中的数据表，结果如图3-35所示，可以发现数据表列表中已不存在名称为"user""订单信息2""图书信息2"和"客户信息2"的数据表，表示删除成功。

图3-35 删除多个数据表后剩下的数据表

课后习题

1. 选择题

（1）下列数据类型中，不属于 MySQL 数据类型的是（ ）。

　　A. int　　　　　B. var　　　　　C. time　　　　　D. char

（2）SQL 中，修改数据表结构的语句是（ ）。

　　A. modify table　　　　　　　　B. modify structure

　　C. alter table　　　　　　　　　D. alter structure

（3）SQL 中，只修改字段的数据类型的语句是（ ）。

　　A. alter table…alter column　　　B. alter table…modify column…

　　C. alter table…update…　　　　D. alter table…update column…

（4）SQL 中，删除字段的语句是（ ）。

　　A. alter table…delete…　　　　B. alter table…delete column…

　　C. alter table…drop…　　　　　D. alter table…drop column…

（5）创建数据表时，不允许某字段为空可以使用（ ）关键字。

　　A. not null　　　　B. no null　　　　C. not blank　　　D. null

（6）以下关于 MySQL 数据表的描述正确的是（ ）。

　　A. MySQL 中，一个数据库中可以有重名的数据表

  B. MySQL 中，一个数据库中不能有重名的数据表

  C. MySQL 中，数据表可以使用数字来命名

  D. 以上说法都不对

（7）以下关于创建 MySQL 数据表的描述中，正确的是（ ）。

  A. 使用 Create 语句可以创建不带字段的空数据表

  B. 在创建数据表时，可以设置数据表中字段值为自动增长

  C. 在创建数据表时，数据表中字段的名称可以重复

  D. 以上说法都对

（8）以下关于修改 MySQL 数据表的描述错误的是（ ）。

  A. 可以修改数据表中字段的数据类型

  B. 可以修改数据表中字段的名称

  C. 可以修改数据表的名称

  D. 不可以同时修改数据表中字段的名称和数据类型

（9）查看 MySQL 数据表的结构使用（ ）关键字。

  A. Desc   B. Show   C. Show tables D. Select

（10）修改 MySQL 数据表的名称使用（ ）关键字。

  A. Create   B. Rename   C. Drop   D. Desc

2. 填空题

（1）MySQL 中，系统数据类型主要分为_____、_____、_____和特殊类型 4 种。

（2）MySQL 中使用_____和_____来表示小数。浮点类型有两种：_____和_____。定点类型只有一种：decimal。

（3）浮点类型（float 和 double）相对于定点类型 decimal 的优势是，在长度一定的情况下，浮点类型比定点类型能_____，但其缺点是_____。

（4）decimal 在 MySQL 中是以_____形式存储的，用于存储对精度要求_____的数据。两个浮点数据进行减法或比较运算时容易出现问题，如果要进行数值比较，最好使用_____数据类型。

（5）MySQL 中有多种日期和时间数据类型。只需要存储年份，则使用_____类型即可；如果只记录时间，使用_____类型即可。如果需要同时存储日期和时间，则可以使用_____或_____类型。存储范围较大的日期时最好使用_____类型。当需要插入记录同时插入当前时间时，使用_____类型更方便。

（6）char 类型是_____长度，varchar 类型是_____长度，_____类型按实际长度存储，比较节省空间。在速度上有要求时可以使用_____类型，否则建议使用_____类型。

（7）char、varchar、text 3 种数据类型中检索速度最快的是_____类型。

（8）在 MySQL 数据库 MallDB 中创建数据表 test 的语句是_____。

（9）在 MySQL 数据库 MallDB 中删除数据表 test 的语句是_____。

（10）查看 MySQL 数据库的表结构，可以使用_____语句或者_____语句，二者作用相同。

模块4

设置与维护数据库中数据的完整性

数据库中各个数据表的数据必须是真实可信、准确无误的，对数据表中的记录强制实施数据完整性约束，可以保证数据表中各个字段数据的完整性和合理性。数据表中的完整性约束可以理解为一种规则或者要求，它规定了数据表中哪些字段可以输入什么样的数据。创建数据表的过程也是实施数据完整性（包括实体完整性、引用完整性和域完整性等）约束的过程。

重要说明

（1）本模块的各项任务是在模块 3 的基础上进行的，模块 3 已创建了以下数据表：出版社信息、商品信息、商品类型、图书信息、客户信息、用户信息、订单信息、订购商品。

（2）本模块在数据库 MallDB 中创建了多个数据表，也删除了多个数据表，最后保留了以下数据表：出版社信息、商品信息、商品类型、图书信息、图书信息 2、客户信息、客户信息 2、用户信息、用户注册信息、用户类型、订单信息、订购商品。

（3）本模块所有任务完成后，参考模块 9 中介绍的备份方法将数据库 MallDB 进行备份，备份文件名为 "MallDB04.sql"，示例代码为 "mysqldump -u root -p --databases MallDB> D:\MySQLData\MyBackup\MallDB04.sql"。

操作准备

（1）打开 Windows 命令行窗口。

（2）如果数据库 MallDB 或者该数据库中的数据表被删除了，请参考模块 9 中介绍的还原备份的方法将模块 3 中创建的备份文件 "MallDB03.sql" 予以还原。

示例代码为 "mysql –u root –p MallDB < D:\MySQLData\MallDB03.sql"。

（3）登录 MySQL 服务器。

在命令行窗口的命令提示符后输入命令 "mysql -u root -p"，按【Enter】键后，输入正确的密码，这里输入 "123456"。当窗口中的命令提示符变为 "mysql>" 时，表示已经成功登录 MySQL 服务器。

（4）选择要创建表的数据库 MallDB。

在提示符"mysql>"后面输入选择数据库的语句："Use MallDB ;"。

【提示】使用 SQL 语句完成相关操作时，首先需要使用"Use MallDB ;"语句打开 MallDB 数据库，然后再执行相应的 SQL 语句。后面各项任务中如果需要打开数据库 MallDB，均需要使用"Use MallDB ;"语句，但为了简化代码，"Use MallDB ;"语句被省略。

（5）启动 Navicat For MySQL，打开已有连接 MallConn，打开其中的数据库 MallDB。

4.1　创建数据表的同时定义约束

1. MySQL 数据库的数据完整性

为了保证数据库的数据表中所保存数据的正确性，MySQL 提供了完整性约束，按照数据完整性的功能可以将数据完整性分为实体完整性、域完整性、参照完整性和用户自定义完整性 4 类，如表 4-1 所示。

表4-1　　　　　　　　　　　　　数据完整性类型与实现方法

数据完整性类型	含义	实现方法
实体完整性 （Entity Integrity）	保证数据表中的每一条记录在数据表中都是唯一的，即必须至少有一个唯一标识以区分不同的记录	主键约束、唯一约束、唯一索引（Unique Index）等
域完整性 (Domain Integrity)	限定数据表中输入数据的数据类型与取值范围	默认值约束、检查约束、外键约束、非空性约束、数据类型等
参照完整性 (Referential Integrity)	在数据库中添加、修改和删除数据时，要维护数据表之间数据的一致性，即包含主键的主表和包含外键的从表的数据应对应一致，不能引用不存在的值	外键约束、检查约束、触发器（Trigger）、存储过程（Procedure）等
用户自定义完整性 (User-defined Integrity)	实现用户某一特殊要求的数据规则或格式	默认值约束、检查约束等

MySQL 中约束与数据完整性之间的关系如表 4-2 所示。

表4-2　　　　　　　　　　　　　约束与数据完整性之间的关系

约束类型	数据完整性类型	约束对象	实例说明
（主键约束） Primary Key	实体 完整性	记录	"用户注册信息"数据表中设置"用户 ID"为主键，则不允许出现相同值的用户 ID
（唯一约束） Unique			"用户注册信息"数据表中设置"用户编号"字段为唯一约束，则不允许出现相同的用户编号
（默认值约束） Default	域 完整性	字段	"用户注册信息"数据表中设置"权限等级"的默认值为"A"，"用户类型"的默认值为"1"
（检查约束） Check			"员工信息"数据表中设置"性别"字段的取值只能为"男"或"女"
（外键约束） Foreign Key	参照 完整性	数据表	"出版社信息"和"图书信息"数据表通过它们的公共字段"出版社 ID"建立关联。在"出版社信息"数据表中将"出版社 ID"字段定义为主键，在"图书信息"数据表中定义"出版社 ID"字段为外键，即可将两个数据表关联起来

在 MySQL 数据库中强制参照完整性时，可以防止用户执行下列操作。

（1）在包含主键的主表中没有关联记录时，将记录添加到包含外键的从表中。

（2）更改主表中的值，导致从表中出现孤立的记录。

（3）从主表中删除记录，但从表中仍存在与该记录匹配的记录。

2. MySQL 的约束

MySQL 的约束是指对数据表中数据的一种约束，能够帮助数据库管理员更好地管理数据库，并且能够确保数据库表中数据的正确性和一致性，主要包括主键约束、外键约束、唯一约束、非空约束、默认值约束和检查约束。

（1）主键约束（Primary Key）。

通常在数据表中将字段或字段组合设置为各不相同的值，以便能唯一地标识数据表中的每一条记录，这样的一个字段或多个字段称为数据表的主键，通过它可实现实体完整性，消除数据表中的冗余数据。一个数据表只能有一个主键约束，每条记录主键字段的数据都是唯一的，并且主键字段不能接受空值（不允许为 Null 值），也不可出现重复值。由于主键约束可保证数据的唯一性，因此经常对标识字段定义这种约束。可以在创建数据表时定义主键约束，也可以修改现有数据表的主键约束。

（2）外键约束（Foreign Key）。

外键约束在两个数据表（主表和从表）的一列或多列数据之间建立关联，用于保证数据库多个数据表中数据的一致性和正确性。将一个数据表（从表）的一个字段或字段组合定义为引用另一个数据表（主表）的主键字段，则引用的这个字段或字段组合就称为外键。被引用的数据表称为主键约束表，简称为主表或父表，主表中的关联字段上应该创建主键约束或唯一约束；引用表称为外键约束表，简称为从表或子表，应在引用数据表的关联字段上创建外键约束。当向含有外键的数据表中插入数据时，如果主表的主键字段中没有与插入的外键字段相同的值，那么系统会拒绝插入数据。

可以在定义数据表时直接创建外键约束，也可以为现有数据表中的某一个字段或字段组合添加外键约束。

【注意】在主表和从表两个数据表中，外键和主键字段的数据类型和长度要一致。

（3）唯一约束（Unique）。

一个数据表只能有一个主键，如果有多个字段或者多个字段组合需要保证取值不重复，可以采用唯一约束。唯一约束用于指定非主键的一个或多个字段的组合值具有唯一性，以防止在字段中输入重复的值。也就是说如果一个数据表已经设置了主键约束，但该数据表中其他非主键字段也要求具有唯一性，为避免该字段中的数据值出现重复值的情况，就必须使用唯一约束。

一个数据表可以定义多个唯一约束，唯一约束指定的字段允许为 Null 值，但是每个唯一约束字段最多只有一条记录可以包含 Null 值。例如，在"用户信息"数据表中，为了避免用户名重名，就可以为"用户名"字段设置唯一约束。

（4）非空约束（Not Null）。

指定了非空约束的字段不能输入Null值，数据表中出现Null值通常表示值未知或未定义，

Null 值不同于零、空格或者长度为零的字符串。

在创建数据表时，默认情况下，如果在数据表中不指定非空约束，那么数据表中所有字段都可以为空。由于主键约束必须保证字段不为空，因此要设置主键约束的字段一定要设置非空约束。一个数据表中可以设置多个非空约束，主要用来规定某一字段必须输入有效值，有了非空约束，就可避免数据中出现空值了。

（5）默认值约束（Default）。

默认值约束提供了一种为数据表中的任何字段设置默认值的方法，使用 Insert 语句向数据表插入记录时，如果没有为某一字段指定值，默认值约束会自动添加一个值随新记录一起存储到数据表中作为该字段的值。可以在创建数据表时为字段指定默认值，也可以在修改数据表时为字段指定默认值。默认值约束仅在执行 Insert 语句插入数据时生效，且定义的值必须与该字段的数据类型和精度一致。

可以为数据表中的一个或多个字段设置默认值约束，每个字段只能设置一个默认值，其中包括 Null 值，且允许使用一些系统函数提供的值，但不能定义指定为 Identity 属性的字段。默认值约束通常用于已经设置了非空约束的字段，这样能够防止在往数据表中输入数据时出现错误。

（6）检查约束（Check）。

检查约束用于检查输入数据的取值是否为可接受的值，一个字段输入的值必须满足检查约束的条件，若不满足，则无法正常输入数据。可以对数据表的每个字段设置检查约束，在一个数据表中可以创建多个检查约束，在一个字段上也可以创建多个检查约束，只要它们不相互冲突即可。可以在创建数据表时定义检查约束，也可以修改现有数据表的检查约束。

3. 创建数据表时定义主键约束

在创建数据表时设置主键约束，既可以为数据表中的一个字段设置主键，也可以为数据表中的多个字段设置组合主键。但不论使用哪种方法，一个数据表中主键只能有一个。

（1）在定义字段的同时指定一个字段为主键。

在定义字段的同时指定一个字段为主键的语法格式如下：

```
<字段名称>  <数据类型>  Primary Key [ 默认值 ]
```

（2）在定义完所有字段之后指定一个字段为主键。

在定义完所有字段之后指定一个字段为主键的语法格式如下：

```
[ Constraint <约束名称> ]  Primary Key  <字段名称>
```

其中 Constraint 是创建约束的关键字，Primary Key 表示所添加约束的类型为主键约束。"Constraint <约束名称>"如果被省略，则字段名称默认为主键约束名称。

（3）在定义完所有字段之后指定字段组合主键。

在定义完所有字段之后指定字段组合主键的语法格式如下：

```
[ Constraint <主键约束名称> ]
         Primary Key(<字段名称1>，<字段名称2>，… <字段名称n>)
```

当主键由多个字段组成时，要在定义完所有字段之后指定字段组合主键，而不能直接在字段名称后面声明主键约束。

4．创建数据表时定义外键约束

```
[ Constraint <外键约束名称> ]  Foreign Key(<字段名称11> [,<字段名称12> , …])
                    References <主数据表名称>(<字段名称21> [,<字段名称22>, …])
```

字段名称 11、字段名称 12 是从表中需要创建外键约束的字段名称，字段名称 21、字段名称 22 是主表中的字段名称。注意一个数据表中不能存在相同名称的外键。

从表中创建外键的字段名称与主表中关联字段的名称可以相同，但也可以不同。外键不一定要与相应的主键在不同的数据表中，它们也可以在同一个数据表。

5．创建数据表时定义非空约束

创建数据表时定义非空约束很简单，只需要在字段名称后面添加 Not Null 即可，添加非空约束的语法格式如下：

```
<字段名称> <数据类型> Not Null
```

对于已经设置了主键约束的字段，就没有必要设置非空约束了。

6．创建数据表时定义唯一约束

唯一约束与主键约束的主要区别：一个数据表中可以有多个字段定义唯一约束，但只能有一个字段声明为主键；声明为主键的字段不允许为空值，声明为唯一约束的字段允许空值（Null）的存在，但是只能有一个空值。唯一约束通常设置在主键以外的其他字段上。唯一约束创建后，系统会默认将其保存到索引中。

（1）在定义完字段之后直接指定唯一约束。

在定义完字段之后直接指定唯一约束的语法格式如下：

```
<字段名称> <数据类型> Unique
```

（2）在定义完所有字段之后指定唯一约束。

在定义完所有字段之后指定唯一约束的语法格式如下：

```
[ Constraint <唯一约束名称> ] Unique(<字段名称>)
```

唯一约束可以在一个数据表的多个字段中设置，并且在设置时系统会自动生成不同的约束名称。

唯一约束也可以像设置组合主键一样，把多个字段放在一起设置。设置这种多字段的唯一约束的作用是确保某几个字段的数据不重复。例如，在"用户信息表"中，要确保用户名和密码是不重复的，就可以为用户名和密码设置唯一约束。

（3）在创建数据表时为多个字段设置唯一约束。

在创建数据表时为多个字段设置唯一约束的语法格式如下：

```
[ Constraint <唯一约束名称> ] Unique(<字段名称1> , <字段2> , …)
```

7．创建数据表时定义默认值约束

创建数据表时定义默认值约束的语法格式如下：

```
<字段名称> <数据类型> Default <默认值>
```

在 Default 关键字后面为该字段设置默认值，默认值是一个常量表达式，该表达式可以是一个具体的值，并且这个值必须与该字段的数据类型相匹配。如果默认值为字符类型，要用半角单引号引起来。

8．创建数据表时定义检查约束

设置检查约束是检查数据表中字段值有效性的一个手段，根据实际情况设置字段的检查约束，可以减少无效数据的输入。

（1）在创建数据表时设置字段级检查约束。

在创建数据表时设置字段级检查约束的语法格式如下：

```
<字段名称>  <数据类型>  Check(<表达式>)
```

（2）在定义完所有字段之后指定表级检查约束。

在定义完所有字段之后指定表级检查约束的语法格式如下：

```
[ Constraint <检查约束名称> ]  Check(<表达式>)
```

9．创建数据表时定义字段值自增

在数据表中插入新记录时，如果希望自动生成字段的值，可以通过 Auto_Increment 关键字来实现。在 MySQL 中，Auto_Increment 默认的初始值为 1，每新增一条记录，字段值自动加 1。一个数据表只能有一个字段使用 Auto_Increment 约束，设置为 Auto_Increment 约束的字段可以是任何整数类型，包括 tinyint、smallint、int、bigint 等。

定义 Auto_Increment 约束的语法格式如下：

```
<字段名称>  <数据类型>  Auto_Increment
```

【任务 4-1】使用 Create Table 语句创建包含约束的单个数据表

【任务描述】

（1）在数据库 MallDB 中创建"用户类型"数据表，该数据表的结构数据如表 4-3 所示。

表4-3　　　　　　　　　　　　　"用户类型"数据表的结构数据

字段名称	数据类型	字段长度	是否允许 Null 值	约束
用户类型 ID	int	—	否	主键约束
用户类型名称	varchar	6	否	唯一约束
用户类型说明	varchar	50	是	无

（2）在数据库 MallDB 中创建"用户注册信息"数据表，该数据表的结构数据如表 4-4 所示。

表4-4　　　　　　　　　　　　"用户注册信息"数据表的结构数据

字段名称	数据类型	字段长度	是否允许 Null 值	约束
用户 ID	int	—	否	主键约束
用户编号	varchar	6	否	唯一约束
用户名称	varchar	20	否	—
密码	varchar	15	否	—
权限等级	char	1	否	默认值约束
手机号码	varchar	20	否	—
用户类型	int	—	否	默认值约束

【任务实施】

首先打开 Windows 命令行窗口，登录 MySQL 服务器，然后选择数据库 MallDB。

1. 创建包含主键约束、唯一约束和非空约束的"用户类型"数据表

对应的 SQL 语句如下：

```
Create Table 用户类型
(
  用户类型ID    int  Primary Key Not Null,
  用户类型名称  varchar(6)  Unique Not Null,
  用户类型说明  varchar(50)  Null
) ;
```

数据表"用户类型"创建完成时，命令行窗口中会显示"Query OK, 0 rows affected (0.25 sec)"提示信息。

2. 创建包含主键约束、唯一约束和默认值约束的"用户注册信息"数据表

对应的 SQL 语句如下：

```
Create Table 用户注册信息
(
  用户ID  int Primary Key Not Null ,
  用户编号 varchar(6) Unique Not Null ,
  用户名称 varchar(20) Not Null ,
  密码      varchar(15) Not Null ,
  权限等级 char(1) Not Null Default 'A' ,
  手机号码 varchar(20) Not Null ,
  用户类型 int Not Null Default 1
) ;
```

数据表"用户注册信息"创建完成时，命令行窗口中会显示"Query OK, 0 rows affected (1.05 sec)"提示信息。

【任务4-2】使用 Create Table 语句创建包含外键约束的主从数据表

【任务描述】

在数据库 MallDB 中创建两个数据表"出版社信息2"和"图书信息2"，"出版社信息2"数据表的结构数据如表 4-5 所示，"图书信息2"数据表的结构数据如表 4-6 所示。

表4-5　　　　　　　　　　　　　　"出版社信息2"数据表的结构数据

字段名称	数据类型	字段长度	是否允许 Null 值	约束
出版社 ID	int	—	否	主键约束、自动编号的标识列
出版社名称	varchar	16	否	唯一约束
出版社简称	varchar	6	是	唯一约束
出版社地址	varchar	50	是	—
邮政编码	char	6	是	—

表4-6　　　　　　　　　　　　　　"图书信息2"数据表的结构数据

字段名称	数据类型	字段长度	是否允许 Null 值	约束
商品编号	varchar	12	否	主键约束

字段名称	数据类型	字段长度	是否允许 Null 值	约束
图书名称	varchar	100	否	—
商品类型	varchar	9	否	—
价格	decimal	8,2	否	—
出版社	int	—	否	外键约束
ISBN	varchar	20	否	—
作者	varchar	30	否	—
版次	smallint	—	否	—
出版日期	date	—	是	—
封面图片	varchar	50	是	—
图书简介	text	—	是	—

【任务实施】

首先打开 Windows 命令行窗口，登录 MySQL 服务器，然后选择数据库 MallDB。
创建包含外键约束的主从数据表的 SQL 语句如表 4-7 所示。

表4-7   创建包含外键约束的主从数据表的SQL语句

行号	SQL 语句
01	Create Table 出版社信息 2
02	(
03	出版社 ID int Primary Key Auto_Increment Not Null,
04	出版社名称 varchar(16) Unique Not Null,
05	出版社简称 varchar(6) Unique Null,
06	出版社地址 varchar(50) Null,
07	邮政编码 char(6) Null
08	) ;
09	Create Table 图书信息 2
10	(
11	商品编号 varchar(12) Primary Key Not Null ,
12	图书名称 varchar(100) Not Null ,
13	商品类型 varchar(9) Not Null ,
14	价格 decimal(8,2) Not Null ,
15	出版社 int Not Null ,
16	Constraint FK_ 图书 _ 出版社 Foreign Key(出版社) References 出版社信息 2(出版社 ID) ,
17	ISBN varchar(20) Not Null ,
18	作者 varchar(30) Not Null ,
19	版次 smallint Not Null ,
20	出版日期 date Null ,
21	封面图片 varchar(50) Null ,
22	图书简介 text Null
23	) ;

表 4-7 所示的创建包含外键约束的主从数据表的 SQL 语句中，第 16 行使用 Constraint
关键字为外键约束命名。"图书信息 2"数据表（从表）中的"出版社"数据表依赖于"出
版社信息 2"数据表（主表）中的"出版社 ID"字段，所以在创建数据表时，要先创建"出
版社信息 2"数据表，后创建"图书信息 2"数据表。

数据表"出版社信息 2"创建完成时，命令行窗口中会显示"Query OK, 0 rows affected (0.18 sec)"提示信息。

数据表"图书信息 2"创建完成时，命令行窗口中会显示"Query OK, 0 rows affected (0.22 sec)"提示信息。

本任务完成后，在命令提示符"mysql>"后面输入语句"Show tables ; "，按【Enter】键后可以看到成功创建的各个数据表，如图 4-1 所示。

```
+------------------+
| Tables_in_malldb |
+------------------+
| 出版社信息        |
| 出版社信息2       |
| 商品信息          |
| 商品类型          |
| 图书信息          |
| 图书信息2         |
| 客户信息          |
| 用户信息          |
| 用户注册信息      |
| 用户类型          |
| 订单信息          |
| 订购商品          |
+------------------+
```

图4-1　新创建的4个包含约束的数据表

【任务 4-3】查看定义了约束的数据表

【任务描述】

（1）使用 Describe 语句查看"用户类型"数据表的结构数据。

（2）使用 Describe 语句查看"用户注册信息"数据表中的"用户 ID"字段的结构数据。

（3）使用 Show Create Table 语句查看创建数据表"图书信息 2"的 Create Table 语句。

【任务实施】

首先打开 Windows 命令行窗口，登录 MySQL 服务器，然后选择数据库 MallDB。

1. 使用 Describe 语句查看"用户类型"数据表的结构数据

代码如下：

```
Describe 用户类型 ;
```

执行结果如图 4-2 所示。

```
+--------------+-------------+------+-----+---------+-------+
| Field        | Type        | Null | Key | Default | Extra |
+--------------+-------------+------+-----+---------+-------+
| 用户类型ID   | int         | NO   | PRI | NULL    |       |
| 用户类型名称 | varchar(6)  | NO   | UNI | NULL    |       |
| 用户类型说明 | varchar(50) | YES  |     | NULL    |       |
+--------------+-------------+------+-----+---------+-------+
```

图4-2　查看"用户类型"数据表结构数据的结果

图 4-2 中各个列名的含义分别解释如下。

（1）Field：表示字段名称。

（2）Type：表示数据类型及长度。

（3）Null：表示对应字段是否可以为 Null 值。

（4）Key：表示对应字段是否已设置了约束。PRI 表示设置了主键约束，UNI 表示设置了唯一约束，MUL 表示允许给定值出现多次。

（5）Default：表示对应字段是否有默认值，为 NULL 表示没有设置默认值，如果有默认值则显示其值。

（6）Extra：表示相关的附加信息，例如 Auto_Increment 等。

2. 使用 Describe 语句查看 "用户注册信息" 数据表中的 "用户 ID" 字段的结构数据

代码如下：

```
Describe 用户注册信息 用户 ID ;
```

执行结果如图 4-3 所示。

```
+--------+------+------+-----+---------+-------+
| Field  | Type | Null | Key | Default | Extra |
+--------+------+------+-----+---------+-------+
| 用户ID | int  | NO   | PRI | NULL    |       |
+--------+------+------+-----+---------+-------+
```

图4-3 "用户注册信息" 数据表中的 "用户 ID" 字段的结构数据

3. 使用 Show Create Table 语句查看创建数据表 "图书信息 2" 的 Create Table 语句

代码如下：

```
Show Create Table 图书信息 2 ;
```

执行结果中对应的 Create Table 语句如下所示：

```
CREATE TABLE '图书信息2' (
  '商品编号' varchar(12) NOT NULL,
  '图书名称' varchar(100) NOT NULL,
  '商品类型' varchar(9) NOT NULL,
  '价格' decimal(8,2) NOT NULL,
  '出版社' int NOT NULL,
  'ISBN' varchar(20) NOT NULL,
  '作者' varchar(30) Not NULL,
  '版次' smallint NOT NULL,
  '出版日期' date DEFAULT NULL,
  '封面图片' varchar(50) DEFAULT NULL,
  '图书简介' text DEFAULT NULL,
  PRIMARY KEY ('商品编号'),
  KEY 'FK_图书_出版社' ('出版社'),
  CONSTRAINT 'FK_图书_出版社' FOREIGN KEY ('出版社')
                           REFERENCES '出版社信息2' ('出版社ID')
) ENGINE=InnoDB DEFAULT CHARSET=utf8
```

4.2 修改数据表时设置其约束

数据表创建完成后，还可以根据实际需要对数据表进行修改，例如修改数据表名称，修改字段名称、数据类型、约束条件等。本节介绍修改数据表时设置约束的方法。

【任务 4-4】使用 Navicat for MySQL 设置数据表的约束

【任务描述】

在 Navicat for MySQL 中对 "图书信息" 数据表完成以下约束设置。

（1）设置字段 "商品编号" 为主键。

（2）设置字段 "作者" 不能为空。

（3）设置字段 "版次" 的默认值为1。

（4）设置字段 "出版社 ID" 为外键，相关联的数据表为 "出版社信息"，该表的主键为 "出版社 ID"。

【任务实施】

首先启动图形管理工具 Navicat for MySQL，打开连接 MallConn，打开数据库 MallDB。然后打开数据表"图书信息"的【表设计器】，在【表设计器】中对"图书信息"数据表完成以下各项操作。

1. 设置主键约束

在【表设计器】中选中字段"商品编号"，然后单击【主键】按钮即可。

【说明】如果已设置了主键的字段需要删除主键约束，先选中该主键字段，再一次单击【主键】按钮即可删除主键约束。

2. 设置非空约束

在"作者"行"不是 null"列对应的单元格中单击□，使其变成选中状态☑即可。

3. 设置默认值约束

在【表设计器】中选中字段"版次"，然后在下方的【默认】输入框中输入"1"即可。

以上 3 项数据表约束设置完成后的结果如图 4-4 所示。

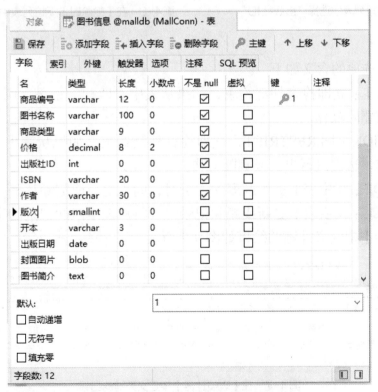

图4-4　3项数据表约束设置完成后的结果

单击【表设计器】工具栏中的【保存】按钮，保存以上各项约束的设置。

4. 设置外键约束

在【表设计器】中切换到【外键】选项卡，在【名】输入框中输入"FK_图书_出版社"，

在【字段】输入框中单击┅按钮，在弹出的字段列表中选择"出版社 ID"，然后单击【确定】
按钮，如图 4-5 所示。

在【被引用的模式】下拉列表中选择"malldb"，在【被引用的表（父）】下拉列表中选
择主表"出版社信息"，在【被引用的字段】输入框中单击┅按钮，在弹出的字段列表中选择
"出版社 ID"，然后单击【确定】按钮。

在【删除时】输入框中单击▽按钮，在打开的下拉列表中选择"RESTRICT"，如图 4-6
所示。同时【更新时】输入框中也显示了"RESTRICT"。

图4-5　在从表字段列表中选择"出版社ID"　　　　图4-6　在【删除时】下拉列表中选择"RESTRICT"

【说明】

图 4-6 中各个选项的含义如下。

（1）RESTRICT：立即检查外键约束，如果从表中有匹配的记录，则不允许对主表对应
候选键进行更新或删除操作。

（2）NO ACTION：同 RESTRICT，立即检查外键约束，如果从表中有匹配的记录，则
不允许对主表对应候选键进行更新或删除操作。

（3）CASCADE：在主表上更新或删除记录时，同步更新或删除从表中的匹配记录。

（4）SET NULL：在主表上更新或删除记录时，将从表中匹配记录的字段值设置为 Nul。

在【表设计器】中定义外键的结果如图 4-7 所示。

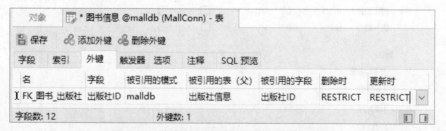

图4-7　在【表设计器】中定义外键的结果

切换到【SQL 预览】选项卡，查看外键约束的定义，对应的 SQL 语句如下：

```
ALTER TABLE 'malldb'.'出版社信息'ADD INDEX('出版社ID');
ALTER TABLE 'malldb'.'图书信息'
ADD CONSTRAINT 'FK_图书_出版社' FOREIGN KEY ('出版社ID')
            REFERENCES 'malldb'.'出版社信息' ('出版社ID')
            ON DELETE RESTRICT ON UPDATE RESTRICT;
```

单击【表设计器】工具栏中的【保存】按钮，保存外键约束的设置。此时外键约束创建完成，切换到【索引】选项卡，可以查看相关索引内容，如图4-8所示。

图4-8 在【索引】选项卡中查看创建的外键约束相关的索引内容

【任务4-5】使用语句方式修改数据表以设置其约束

1. 修改数据表时添加主键约束

主键约束不仅可以在创建数据表时设置，也可以在修改数据表时添加。需要注意的是，设置了主键约束的字段不允许出现空值。

在修改数据表时给表的单一字段添加主键约束的语法格式如下：

```
Alter Table <数据表名称> Add Constraint <约束名称> Primary Key(<字段名称>) ;
```

在修改数据表时，添加由多个字段组成的组合主键约束的语法格式如下：

```
Alter Table <数据表名称> Add Constraint <主键约束名称>
            Primary Key(<字段名称1>, <字段名称2>, …, <字段名称n) ;
```

【说明】

通常情况下，通过修改数据表为某一个字段设置主键约束时，要确保设置主键约束的这个字段不能有重复的值，并且要保证所有值是非空的。如果要设置由多个字段组成的组合主键，单个字段的值可能会重复，但组合值必须唯一，否则是无法设置主键约束的。

2. 修改数据表时添加外键约束

外键约束也可以在修改数据表时添加，但是添加外键约束的前提是设置外键约束的字段中的数据必须与引用的主表中的相应字段一致或者没有数据。

修改数据表时添加外键约束的语法格式如下：

```
Alter Table <数据表名称> Add Constraint <外键约束名称>
            Foreign Key(<外键约束的字段名称>)
            References <主数据表名称>(<主表的主键字段名称>) ;
```

【注意】

在为已经创建好的数据表添加外键约束时，要确保添加外键的字段其值全部来源于主表的对应字段，并且外键字段不能为空。

在为数据表创建外键约束时，主表与从表必须创建相应的主键约束，否则在创建外键约束的过程中会出现警告信息。

3. 修改数据表时添加默认值约束

默认值约束除了可以在创建数据表时添加，也可以在修改数据表时添加。修改数据表时添加默认值约束的语法格式如下：

```
Alter Table  <数据表名称> Alter <设置默认值的字段名称>  Set Default  <默认值> ;
```

如果默认值为字符类型，则需要为该值加上半角单引号。

4. 修改数据表时添加非空约束

如果在创建数据表时没有为字段设置非空约束，也可以在修改数据表时进行非空约束的添加。修改数据表时添加非空约束的语法格式如下：

```
Alter Table <数据表名称> Modify <设置非空约束的字段名称> <数据类型> Not Null ;
```

如果不指定字段的数据类型，则默认使用定义数据表时指定的数据类型。

5. 修改数据表时添加检查约束

可以通过修改数据表的方式为数据表添加检查约束，其语法格式如下：

```
Alter Table  <数据表名称>  Add Constraint <检查约束名称> Check(表达式) ;
```

6. 修改数据表时添加唯一约束

对于已创建好的数据表，也可以通过修改数据表来添加唯一约束。其语法格式如下：

```
Alter Table <数据表名称> Add [ Constraint  <唯一约束名称> ] Unique(<字段名称>) ;
```

在数据表已经存在的前提下，为多个字段添加唯一约束的语法格式如下：

```
Alter Table  <数据表名称>  Add [ Constraint  <唯一约束名称> ]
                Unique(<字段名称1> , <字段名称2> … ); 、
```

如果省略"Constraint <唯一约束名称>"，创建唯一约束时，MySQL 会为添加的约束自动生成一个名称。

7. 修改数据表时添加自增属性

对于已创建好的数据表，也可以通过修改数据表来添加自增属性。其语法格式如下：

```
Alter Table <数据表名称> Change  <自增属性的字段名称>
                <字段名称> <数据类型> Unsigned  Auto_Increment;
```

【任务描述】

（1）根据表 4-8 所示的"商品类型"数据表的结构数据，使用语句方式对"商品类型"数据表的结构进行修改，同时设置相应的约束。

表4-8   "商品类型"数据表的结构数据

字段名称	数据类型	字段长度	是否允许 Null 值	约束
类型编号	varchar	9	否	主键约束
类型名称	varchar	10	否	唯一约束
父类编号	varchar	7	否	—

（2）将数据表"商品信息"中的字段"商品编号"设置为主键，将字段"商品类型"设置为外键，相关联的主表为"商品类型"，关联字段为"类型编号"。

"商品信息"数据表的结构数据如表 4-9 所示。

表4-9　　　　　　　　　　　　　　　　"商品信息"数据表的结构数据

字段名称	数据类型	字段长度	是否允许 Null 值	约束
商品编号	varchar	12	否	主键约束
商品名称	varchar	100	否	—
商品类型	varchar	9	否	外键约束
价格	decimal	8,2	否	—
品牌	varchar	15	是	—

（3）根据表 4-10 所示的"订单信息"数据表的结构数据，使用语句方式对"订单信息"数据表的结构进行修改，同时设置相应的约束。

表4-10　　　　　　　　　　　　　　　　"订单信息"数据表的结构数据

字段名称	数据类型	字段长度	是否允许 Null 值	约束
订单编号	char	12	否	主键约束
提交订单时间	datetime	—	否	检查约束 (>= 当前日期)
订单完成时间	datetime	—	否	检查约束 (> 当前日期)
送货方式	varchar	10	否	默认值约束（京东快递）
客户姓名	varchar	20	否	—
收货人	varchar	20	否	—
付款方式	varchar	8	否	默认值约束（在线支付）
商品总额	decimal	10,2	否	—
运费	decimal	8,2	否	—
优惠金额	decimal	10,2	否	—
应付总额	decimal	10,2	否	检查约束 (<= 商品总额 + 运费)
订单状态	varchar	8	是	—

（4）根据表 4-11 所示的"订购商品"数据表的结构数据，使用语句方式对"订购商品"数据表的结构进行修改，同时设置相应的约束。

表4-11　　　　　　　　　　　　　　　　"订购商品"数据表的结构数据

字段名称	数据类型	字段长度	是否允许 Null 值	约束
订单编号	char	12	否	组合主键
商品编号	varchar	12	否	
购买数量	smallint	—	否	—
优惠价格	decimal	8,2	否	—
优惠金额	decimal	10,2	是	检查约束（< 购买数量 * 优惠价格）

（5）根据表 4-12 所示的"用户注册信息"数据表的结构数据，使用语句方式对"用户注册信息"数据表的结构进行修改，同时设置相应的约束。

表4-12　　　　　　　　　　　　　　　　"用户注册信息"数据表的结构数据

字段名称	数据类型	字段长度	是否允许 Null 值	约束
用户 ID	int	—	否	自动编号的标识列
用户编号	varchar	6	否	—
用户名称	varchar	20	否	—
密码	varchar	15	否	

续表

字段名称	数据类型	字段长度	是否允许 Null 值	约束
权限等级	char	1	否	—
手机号码	varchar	20	否	—
用户类型	int	—	否	—

【任务实施】

1. 修改"商品类型"数据表时设置约束

修改"商品类型"数据表的结构数据的语句如下：

```
Alter Table 商品类型 Add Constraint PK_商品类型 Primary Key(类型编号) ;
Alter Table 商品类型  Modify  类型名称  Varchar(10) Unique ;
```

此时的索引名称为对应字段的字段名称，这里为"类型名称"。

【说明】

设置唯一约束的语句也可以写成以下形式：

```
Alter Table 商品类型 Add Constraint UQ_商品类型 Unique(类型名称);
```

此时的索引名称为"UQ_商品类型"。

数据表"商品类型"的约束修改完成后，可以使用 Desc 语句查看"商品类型"数据表修改后的结构数据，结果如图 4-9 所示。

```
+----------+-------------+------+-----+---------+-------+
| Field    | Type        | Null | Key | Default | Extra |
+----------+-------------+------+-----+---------+-------+
| 类型编号 | varchar(9)  | NO   | PRI | NULL    |       |
| 类型名称 | varchar(10) | NO   | UNI | NULL    |       |
| 父类编号 | varchar(7)  | NO   |     | NULL    |       |
+----------+-------------+------+-----+---------+-------+
```

图4-9 数据表"商品类型"修改后的结构数据

2. 修改"商品信息"数据表时设置约束

为数据表"商品信息"设置外键约束的语句如下：

```
Alter Table 商品信息 Add Constraint PK_商品信息 Primary Key(商品编号) ;
Alter Table 商品信息 Add Constraint FK_商品信息_商品类型
      Foreign Key(商品类型)  References 商品类型(类型编号) ;
```

数据表"商品信息"中的外键约束创建完成后，使用"Show Create Table 商品信息；"语句可以看到数据表"商品信息"的外键约束,执行结果中对应的 Create Table 语句如下所示：

```
CREATE TABLE '商品信息' (
  '商品编号' varchar(12) NOT NULL,
  '商品名称' varchar(100) NOT NULL,
  '商品类型' varchar(9) NOT NULL,
  '价格' decimal(8,2) NOT NULL,
  '品牌' varchar(15) DEFAULT NULL,
  PRIMARY KEY ('商品编号'),
  KEY 'FK_商品信息_商品类型' ('商品类型'),
  CONSTRAINT 'FK_商品信息_商品类型' FOREIGN KEY ('商品类型')
                              REFERENCES '商品类型' ('类型编号')
) ENGINE=InnoDB DEFAULT CHARSET=utf8
```

3. 修改"订单信息"数据表时设置约束

修改"订单信息"数据表的结构数据的语句如下：

```
Alter Table 订单信息 Modify 订单编号 char(12) Not Null ,
                    Add Constraint PK_订单信息 Primary Key(订单编号) ;
Alter Table 订单信息 Alter 送货方式 Set Default  "京东快递" ;
Alter Table 订单信息 Alter 付款方式 Set Default  "在线支付" ;
Alter Table 订单信息 Modify 订单状态 Varchar(8)  Not Null ;
Alter Table 订单信息 Alter 订单状态 Set Default  "正在处理" ;
Alter Table 订单信息 Add Constraint CHK_提交时间
                    Check(提交订单时间 >=SysDate()) ;
Alter Table 订单信息 Add Constraint CHK_完成时间
                    Check(订单完成时间 > SysDate()) ;
Alter Table 订单信息 Add Constraint CHK_应付总额
                    Check(应付总额 <= 商品总额 + 运费) ;
```

数据表"订单信息"的约束设置完成后，使用 Show Create Table 语句查看修改数据表"订单信息"的 Create Table 语句

代码如下：

```
Show Create Table 订单信息 ;
```

执行结果中对应的 Create Table 语句如下所示：

```
CREATE TABLE '订单信息' (
  '订单编号' char(12) NOT NULL,
  '提交订单时间' datetime NOT NULL,
  '订单完成时间' datetime NOT NULL,
  '送货方式' varchar(10) NOT NULL DEFAULT '京东快递',
  '客户姓名' varchar(20) NOT NULL,
  '收货人' varchar(20) NOT NULL,
  '付款方式' varchar(8) NOT NULL DEFAULT '在线支付',
  '商品总额' decimal(10,2) NOT NULL,
  '运费' decimal(8,2) NOT NULL,
  '优惠金额' decimal(10,2) NOT NULL,
  '应付总额' decimal(10,2) NOT NULL,
  '订单状态' varchar(8) NOT NULL DEFAULT '正在处理',
  PRIMARY KEY ('订单编号'),
  CONSTRAINT 'CHK_完成时间' CHECK (('订单完成时间' > sysdate())),
  CONSTRAINT 'CHK_应付额' CHECK (('应付总额' <= '商品总额 + 运费')),
  CONSTRAINT 'CHK_提交时间' CHECK (('提交订单时间' >= sysdate()))
) ENGINE=InnoDB DEFAULT CHARSET=utf8
```

4. 修改"订购商品"数据表时设置约束

修改"订购商品"数据表的结构数据的语句如下：

```
Alter Table 订购商品 Add Constraint PK_订购商品
                    Primary Key(订单编号 , 商品编号) ;
Alter Table 订购商品 Add Constraint CHK_优惠金额
                    Check(优惠金额 < (购买数量 * 优惠价格)) ;
```

数据表"订购商品"的约束设置完成后，使用 Show Create Table 语句查看修改数据表"订单信息"的 Create Table 语句

代码如下：

```
Show Create Table 订购商品 ;
```

执行结果中对应的 Create Table 语句如下所示：

```
CREATE TABLE '订购商品' (
```

```
'订单编号' char(12) NOT NULL,
'商品编号' varchar(12) NOT NULL,
'购买数量' smallint NOT NULL,
'优惠价格' decimal(8,2) NOT NULL,
'优惠金额' decimal(10,2) DEFAULT NULL,
PRIMARY KEY ('订单编号','商品编号'),
CONSTRAINT 'CHK_优惠金额' CHECK (('优惠金额' < ('购买数量' * '优惠价格')))
) ENGINE=InnoDB DEFAULT CHARSET=utf8
```

使用 Desc 语句查看"订购商品"数据表修改后的结构数据，结果如图 4-10 所示。

```
+----------+-------------+------+-----+---------+-------+
| Field    | Type        | Null | Key | Default | Extra |
+----------+-------------+------+-----+---------+-------+
| 订单编号 | char(12)    | NO   | PRI | NULL    |       |
| 商品编号 | varchar(12) | NO   | PRI | NULL    |       |
| 购买数量 | smallint    | NO   |     | NULL    |       |
| 优惠价格 | decimal(8,2)| NO   |     | NULL    |       |
| 优惠金额 | decimal(10,2)| YES |     | NULL    |       |
+----------+-------------+------+-----+---------+-------+
```

图4-10 数据表"订购商品"修改后的结构数据

5. 修改"用户注册信息"数据表时设置约束

修改"用户注册信息"数据表的结构数据的语句如下：

```
Alter Table 用户注册信息 Change 用户ID 用户ID int Unsigned Auto_Increment ;
```

使用 Desc 语句查看"用户注册信息"数据表修改后的结构数据，结果如图 4-11 所示。

```
+--------+--------------+------+-----+---------+----------------+
| Field  | Type         | Null | Key | Default | Extra          |
+--------+--------------+------+-----+---------+----------------+
| 用户ID | int unsigned | NO   | PRI | NULL    | auto_increment |
| 用户编号 | varchar(6)  | NO   | UNI | NULL    |                |
| 用户名称 | varchar(20) | NO   |     | NULL    |                |
| 密码   | varchar(15)  | NO   |     | NULL    |                |
| 权限等级 | char(1)     | NO   |     | A       |                |
| 手机号码 | varchar(20) | NO   |     | NULL    |                |
| 用户类型 | int         | NO   |     | 1       |                |
+--------+--------------+------+-----+---------+----------------+
```

图4-11 数据表"用户注册信息"修改后的结构数据

4.3 创建与使用索引

在关系数据库中，索引是一种重要的数据对象，能够提高数据的查询效率，使用索引还可以确保列的唯一性，从而保证数据的完整性。

MySQL 中，一般在基本表中建立一个或多个索引，以便快速定位数据的存储位置。

1. 索引的含义

如果要在一本书中快速地查找所需内容，可以利用目录中给出的章节页码查找到其对应的内容，而不是一页一页地查找。数据库中的索引与图书中的目录类似，也允许数据库应用程序利用索引迅速找到数据表中特定的数据，而不必扫描整个数据表。在图书中，目录是内容和相应页码的列表清单。在数据库中，索引就是数据表中数据和相应存储位置的列表。

在关系数据库中，索引是一种对数据库表中一列或多列的值进行排序的一种存储结构，它是某个数据表中一列或若干列值的集合和相应的指向表中标识这些值的逻辑指针清单。一个字段上的索引包含了该字段的所有值，和字段值形成了一一对应的关系。在字段上创建索引之后，查找数据时可以直接根据该字段上的索引定位对应记录行的位置，从而快速地找到数据。

例如表4-13中所示的图书信息表，在数据页中保存了图书信息，包含了商品编号、图书名称、出版社和价格等信息，如果要查找商品编号为"12325352"的图书信息，必须在数据页中逐记录逐字段查找，直至扫描到第8条记录为止。

为了查找方便，根据图书的商品编号创建表4-14所示的索引表。索引表中包含了索引码和指针信息。利用索引表，查找到索引码12325352的指针值为8；根据指针值，到数据表中快速找到12325352的图书信息，而不必扫描所有记录，从而提高查找的效率。

表4-13　　　　　　　　　　图书信息

商品编号	图书名称	出版社	价格
12631631	HTML5+CSS3 网页设计与制作实战	人民邮电出版社	47.10
12303883	MySQL 数据库技术与项目应用教程	人民邮电出版社	35.50
12634931	Python 数据分析基础教程	人民邮电出版社	39.30
12528944	PPT 设计从入门到精通	人民邮电出版社	79.00
12563157	给 Python 点颜色 青少年学编程	人民邮电出版社	59.80
12520987	乐学 Python 编程 - 做个游戏很简单	清华大学出版社	69.80
12366901	教学设计、实施的诊断与优化	电子工业出版社	48.80
12325352	Python 程序设计	高等教育出版社	39.60

表4-14　商品编号索引表

索引码	指针
12634931	3
12303883	2
12325352	8
12528944	4
12563157	5
12520987	6
12631631	1
12366901	7

在 MySQL 数据库中，可以在数据表中建立一个或多个索引，以提供多种存取路径来快速定位数据的存储位置。

2. 索引的作用

索引是建立在数据表中字段上的一个数据库对象，在一个数据表中可以给一个字段或多个字段设置索引。在查询数据时，如果将设置了索引的字段作为检索字段，就会大大提高数据的查询速度。在数据库中建立索引的作用主要体现在以下几个方面。

（1）在数据库中合理地使用索引可以提高查询数据的速度。

（2）通过创建唯一索引，可以保证数据库的数据表中每一条记录数据的唯一性。

（3）实现数据的参照完整性，可以加速数据表之间的连接。

（4）在合适分组和排序子句进行数据查询时，可以减少查询中分组与排序的时间。

（5）可以在检索数据的过程中使用隐藏器，提高系统的安全性能。

3. 索引的类型

MySQL 中主要的索引类型有以下几种。

（1）普通索引（Index）。

普通索引是最基本的索引类型，该类索引没有唯一性限制，也就是索引字段允许存在重复值和空值，其作用是加快对数据的访问。创建普通索引的关键字是 Index。

（2）唯一索引（Unique）。

唯一索引的字段值要求唯一，不能重复，但允许出现空值。创建唯一索引的关键字是

Unique。

（3）主键索引（Primary Key）。

主键索引是专门为主键字段创建的索引，是一种特殊的唯一索引，不允许出现空值，每个数据表只能有一个主键。创建主键索引时使用 Primary Key 关键字。

（4）全文索引（Fulltext）。

MySQL 支持全文索引，在定义了索引的字段上支持值的全文查询，允许在这些索引字段中插入重复值和空值，全文索引只能在 varchar、char 或 text 类型的字段上创建，它可以通过 Create Table 语句创建，也可以通过 Alter Table 或 Create Index 语句创建。MySQL 中只有 MyISAM 存储引擎支持全文索引，全文索引类型用 FullText 表示。

由于索引是作用在字段上的，因此，索引可以由单个字段组成，也可以由多个字段组成，单个字段组成的索引称为单字段索引，多个字段组成的索引称为组合索引。

（5）空间索引。

空间索引是针对空间数据类型的字段建立的索引，MySQL 使用 Spatial 关键字进行扩展，可以用与创建正规索引类似的语法创建空间索引。创建空间索引的字段必须声明为 Not Null，空间索引只能在存储引擎为 MyISAM 的数据表中创建。

4．创建索引的方法

（1）创建数据表时创建索引。

创建数据表时可以直接创建索引，这种方式最方便，其语法格式如下：

```
Create Table <数据表名称>
    (
        <字段名称> <数据类型> [ <完整性约束条件> ],
        …
        [ Unique | Fulltext | Spatial ]
        Index | Key [ <索引名称> ] ( <字段名称> [<长度n>] [ Asc | Desc ] )
    ) ;
```

（2）在已经存在的数据表上创建索引。

在已经存在的数据表上，可以直接为数据表中的一个或几个字段创建索引，其语法格式如下：

```
Create [ Unique | Fulltext | Spatial ] Index <索引名称>
        On  <数据表名称>( <字段名称> [<长度n>] [ Asc | Desc ] ) ;
```

（3）使用 Alter Table 语句创建索引。

在已经存在的数据表上，可以使用 Alter Table 语句直接在数据表中的一个或几个字段上创建索引，其语法格式如下：

```
Alter Table <数据表名称>  Add [ Unique | Fulltext | Spatial ]
        Index <索引名称>( <字段名称> [<长度n>] [ Asc | Desc ] ) ;
```

说明如下。

① 索引类型：Unique 表示创建的是唯一索引，Fulltext 表示创建的是全文索引，Spatial 表示创建的是空间索引。

② 索引名称必须符合 MySQL 的标识符命名规范，一个数据表中的索引名称必须是唯一的。索引名称为可选项，如果不显式指定索引名称，MySQL 将默认字段名称为索引名称。

③ 字段名称表示创建索引的字段，长度 n 表示使用字段的前 n 个字符创建索引，这可使索引文件大大减小，从而节省磁盘空间。只有字符串类型的字段才能指定索引长度，text 和 blob 类型的字段必须使用前缀索引。

④ Asc 表示索引按升序排列，默认为 Asc。Desc 表示索引按降序排列。

⑤ 可以在一个索引的定义上包含多个字段，这些字段使用半角逗号","分隔，但它们属于同一个数据表。

⑥ Index 用来指定创建普通索引。

5. 查看索引的方法

索引创建完成后，可以使用 SQL 语句查看已经存在的索引，查看索引的语句的语法格式如下：

```
Show Index From <数据表名称>;
```

使用"Show Create Table <数据表名称>;"语句可以查看数据表中是否存在索引。

【任务 4-6】创建数据表的同时创建索引

【任务描述】

（1）创建"客户信息 2"数据表，该表的结构数据如表 4-15 所示，记录数据如表 4-16 所示，将"客户 ID"字段设置为主键，在"客户姓名"字段上创建唯一索引。

表4-15　　　　　　　　　　　　　　"客户信息2"数据表的结构数据

字段名称	数据类型	字段长度	是否允许 Null 值
客户 ID	int	—	否
客户姓名	varchar	20	否
地址	varchar	50	是
联系电话	varchar	20	否
邮政编码	char	6	是

表4-16　　　　　　　　　　　　　　"客户信息2"的记录数据

客户 ID	客户姓名	地址	联系电话	邮政编码
1	蒋鹏飞	湖南浏阳长沙生物医药产业基地	83285001	410311
2	谭琳	湖南郴州苏仙区高期贝尔工业园	82666666	413000
3	赵梦仙	湖南长沙经济技术开发区东三路 5 号	84932856	410100
4	彭运泽	长沙经济技术开发区贺龙体校路 27 号	58295215	411100
5	高首	湖南省长沙市青竹湖大道 399 号	88239060	410152
6	文云	益阳高新区迎宾西路	82269226	413000
7	陈芳	长沙市芙蓉区嘉雨路 187 号	82282200	410001
8	廖时才	株洲市天元区黄河南路 199 号	22837219	412007

（2）使用 Show Index 语句查看"客户信息 2"数据表中的索引。

（3）使用 Show Create Table 语句查看"客户信息 2"数据表中的索引。

【任务实施】

1. 创建"客户信息 2"数据表的同时创建索引

创建"客户信息 2"数据表的同时创建索引的语句如下：

```
Create Table '客户信息2' (
  '客户ID' int Primary Key NOT NULL,
  '客户姓名' varchar(20) Unique NOT NULL,
  '地址' varchar(50) Default NULL,
  '联系电话' varchar(20) NOT NULL,
  '邮政编码' char(6) Default NULL
) ;
```

2. 使用 Show Index 语句查看"客户信息 2"数据表中的索引

查看"客户信息 2"数据表中已经存在的索引的语句如下：

```
Show Index From 客户信息2 ;
```

查看"客户信息 2"数据表中已经存在的索引，结果中的前 7 列数据如图 4-12 所示。

```
+----------+------------+-----------+--------------+-------------+-----------+-------------+
| Table    | Non_unique | Key_name  | Seq_in_index | Column_name | Collation | Cardinality |
+----------+------------+-----------+--------------+-------------+-----------+-------------+
| 客户信息2 |          0 | PRIMARY   |            1 | 客户ID       | A         |           6 |
| 客户信息2 |          0 | 客户姓名   |            1 | 客户姓名     | A         |           7 |
+----------+------------+-----------+--------------+-------------+-----------+-------------+
```

图4-12　查看"客户信息2"数据表当前索引的结果中的前7列数据（1）

图 4-12 中的前 7 列数据的含义如下。

（1）Table：数据表的名称。

（2）Non_uique：如果索引允许包含重复值，则为 1；如果不允许包含重复值，则为 0。

（3）Key_name：索引名称。

（4）Seq_in_index：索引中的字段序号。

（5）Column_name：索引所在字段的名称。

（6）Collation：A 表示升序，D 表示降序。

（7）Cardinality：索引中唯一值的数目估算值。

3. 使用 Show Create Table 语句查看"客户信息 2"数据表中的索引

查看"客户信息 2"数据表中已经存在的索引的语句如下：

```
Show Create Table 客户信息2 ;
```

结果如下所示：

```
CREATE TABLE '客户信息2' (
  '客户ID' int NOT NULL,
  '客户姓名' varchar(20) NOT NULL,
  '地址' varchar(50) DEFAULT NULL,
  '联系电话' varchar(20) NOT NULL,
  '邮政编码' char(6) DEFAULT NULL,
  PRIMARY KEY ('客户ID'),
  UNIQUE KEY '客户姓名' ('客户姓名')
) ENGINE=InnoDB DEFAULT CHARSET=utf8
```

【任务 4-7】在已经存在的数据表中创建索引

【任务描述】

使用 Create Index 语句在"客户信息 2"数据表的"客户姓名"字段上创建普通索引,在"客户 ID"字段上创建唯一索引。

【任务实施】

1. 创建普通索引

使用 Create Index 语句在"客户信息 2"数据表的"客户姓名"字段上创建普通索引的语句如下:

```
Create Index IX_姓名 On 客户信息2( 客户姓名 (20) Asc ) ;
```

2. 创建唯一索引

使用 Create Index 语句在"客户信息 2"数据表的"客户 ID"字段上创建唯一索引的语句如下:

```
Create Unique Index IX_客户ID On 客户信息2( 客户ID Desc ) ;
```

3. 查看创建的索引

使用"Show Index From 客户信息 2 ;"查看"客户信息 2"数据表中的索引,查看"客户信息 2"数据表当前索引的结果中的前 7 列数据如图 4-13 所示。

Table	Non_unique	Key_name	Seq_in_index	Column_name	Collation	Cardinality
客户信息2	0	PRIMARY	1	客户ID	A	6
客户信息2	0	客户姓名	1	客户姓名	A	7
客户信息2	0	IX_客户ID	1	客户ID	D	8
客户信息2	1	IX_姓名	1	客户姓名	A	8

图 4-13　查看"客户信息 2"数据表当前索引的结果中的前 7 列数据（2）

【任务 4-8】使用 Alter Table 语句创建索引

【任务描述】

使用 Alter Table 语句在"客户信息"数据表的"客户 ID"字段上创建主键,在"客户姓名"字段上创建唯一索引。

【任务实施】

1. 创建主键

使用 Alter Table 语句在"客户信息"数据表的"客户 ID"字段上创建主键的语句如下:

```
Alter Table 客户信息 Add Primary Key (客户ID) ;
```

2. 创建唯一索引

使用 Alter Table 语句在"姓名"字段上创建唯一索引的语句如下:

```
Alter Table 客户信息 Add Unique Index IX_姓名 ( 客户姓名 (20) ) ;
```

3. 查看创建的索引

使用"Show Index From 客户信息；"查看"客户信息"数据表中的索引，查看"客户信息"数据表当前索引的结果中的前 7 列数据如图 4-14 所示。

```
+-----------+------------+----------+-------------+-------------+-----------+-------------+
| Table     | Non_unique | Key_name | Seq_in_index| Column_name | Collation | Cardinality |
+-----------+------------+----------+-------------+-------------+-----------+-------------+
| 客户信息  |          0 | PRIMARY  |           1 | 客户ID      | A         |           0 |
| 客户信息  |          0 | IX_姓名  |           1 | 客户姓名    | A         |           8 |
+-----------+------------+----------+-------------+-------------+-----------+-------------+
```

图4-14　查看"客户信息"数据表当前索引的结果中的前7列数据

4.4　删除数据表的约束和索引

1. 删除主键约束

删除主键约束的语句的语法格式如下：

```
Alter Table <数据表名称> Drop Primary Key ;
```

由于主键约束在一个数据表中只能有一个，因此不需要指定主键名就可以删除一个数据表中的主键约束。

2. 删除外键约束

删除外键约束的语句的语法格式如下：

```
Alter Table  <从表名称> Drop Foreign Key  <外键约束名称> ;
```

3. 删除默认值约束

删除默认值约束的语句的语法格式如下：

```
Alter Table  <数据表名称>  Alter  <删除默认值的字段名称>  Drop Default ;
```

4. 删除非空约束

在 MySQL 中非空约束是不能删除的，但是可以将设置成 Not Null 的字段修改为 Null，也就相当于对该字段取消了非空约束。

其语法格式如下：

```
Alter Table <数据表名称> Modify <设置非空约束的字段名称> <数据类型>  ;
```

5. 删除检查约束

删除检查约束的语句的语法格式如下：

```
Alter Table <数据表名称> Drop Check <约束名称> ;
```

6. 删除唯一约束

唯一约束创建后，系统会默认将其保存到索引中。因此，删除唯一约束就是删除索引，在删除索引之前，必须知道索引的名称。如果不知道索引的名称可以通过"Show Index From <数据表名称>；"语句查看并获取索引名。

修改数据表的结构时可以删除唯一约束，其语法格式如下：

```
Alter Table <数据表名称> Drop [ Index | Key ] <唯一约束名称> ;
```

也可单独删除唯一约束，其语法格式如下：

```
Drop Index  <唯一约束名称>  On  <数据表名称> ;
```

7. 删除数据表中的自增属性

删除数据表自增属性的语句的语法格式如下：

```
Alter Table <数据表名称> Change  <自增属性的字段名称>
                   <字段名称> <数据类型>  Unsigned Not Null ;
```

8. 删除数据表中的索引

删除数据表的索引可以使用 Drop 语句，也可以使用 Alter 语句。

（1）使用 Drop 语句删除索引的语法格式如下：

```
Drop Index <索引名称> On <数据表名称> ;
```

（2）使用 Alter 语句删除索引的语法格式如下：

```
Alter Table <数据表名称> Drop Index <索引名称> ;
```

【任务 4-9】使用语句方式删除数据表的约束

【任务描述】

（1）使用 Desc 语句查看数据表"商品类型"的约束。

（2）删除数据表"商品类型"的唯一约束。

（3）使用 Desc 语句查看数据表"订单信息"的约束。

（4）删除数据表"订单信息"的主键约束。

（5）删除数据表"订单信息"的默认值约束。

（6）删除数据表"订单信息"的检查约束。

（7）删除数据表"商品信息"的外键约束"FK_商品信息_商品类型"。

（8）删除数据表"商品类型"的主键约束。

（9）删除"用户注册信息"数据表中"用户 ID"字段的自增属性。

（10）使用 Show Create Table 语句查看"订单信息"数据表中的约束。

【任务实施】

1. 使用 Desc 语句查看数据表"商品类型"的约束

查看数据表"商品类型"的约束的语句如下：

```
Desc 商品类型 ;
```

结果如图 4-15 所示。

```
+----------+-------------+------+-----+---------+-------+
| Field    | Type        | Null | Key | Default | Extra |
+----------+-------------+------+-----+---------+-------+
| 类型编号  | varchar(9)  | NO   | PRI | NULL    |       |
| 类型名称  | varchar(10) | NO   | UNI | NULL    |       |
| 父类编号  | varchar(7)  | NO   |     | NULL    |       |
+----------+-------------+------+-----+---------+-------+
```

图 4-15 数据表"商品类型"的结构数据

2. 删除数据表"商品类型"的唯一约束

删除数据表"商品类型"的唯一约束的语句如下：

```
Drop Index 类型名称 On 商品类型 ;
```

3. 使用 Desc 语句查看"订单信息"的约束

查看数据表"商品类型"的约束的语句如下：

```
Desc 订单信息 ;
```

结果如图 4-16 所示。

```
| Field      | Type          | Null | Key | Default | Extra |
| 订单编号    | char(12)      | NO   | PRI | NULL    |       |
| 提交订单时间 | datetime      | NO   |     | NULL    |       |
| 订单完成时间 | datetime      | NO   |     | NULL    |       |
| 送货方式    | varchar(10)   | NO   |     | 京东快递 |       |
| 客户姓名    | varchar(20)   | NO   |     | NULL    |       |
| 收货人      | varchar(20)   | NO   |     | NULL    |       |
| 付款方式    | varchar(8)    | NO   |     | 在线支付 |       |
| 商品总额    | decimal(10,2) | NO   |     | NULL    |       |
| 运费       | decimal(8,2)  | NO   |     | NULL    |       |
| 优惠金额    | decimal(10,2) | NO   |     | NULL    |       |
| 应付总额    | decimal(10,2) | NO   |     | NULL    |       |
| 订单状态    | varchar(8)    | NO   |     | 正在处理 |       |
```

图4-16　数据表"订单信息"的结构数据

4. 删除数据表"订单信息"的主键约束

删除数据表"订单信息"的主键约束的语句如下：

```
Alter Table 订单信息 Drop Primary Key ;
```

5. 删除数据表"订单信息"的默认值约束

删除数据表"订单信息"的默认值约束的语句如下：

```
Alter Table 订单信息 Alter 送货方式 Drop Default ;
Alter Table 订单信息 Alter 付款方式 Drop Default ;
Alter Table 订单信息 Alter 订单状态 Drop Default ;
```

6. 删除数据表"订单信息"的检查约束

删除数据表"订单信息"的检查约束的语句如下：

```
Alter Table 订单信息 Drop Check CHK_完成时间 ;
Alter Table 订单信息 Drop Check CHK_提交时间 ;
Alter Table 订单信息 Drop Check CHK_应付总额 ;
```

7. 删除数据表"商品信息"的外键约束

删除数据表"商品信息"的外键约束的语句如下：

```
Alter Table 商品信息 Drop Foreign Key FK_商品信息_商品类型 ;
```

8. 删除数据表"商品类型"的主键约束

删除数据表"商品类型"的主键约束的语句如下：

```
Alter Table 商品类型 Drop Primary Key ;
```

9. 删除"用户注册信息"数据表中"用户 ID"字段的自增属性

删除数据表"用户注册信息"中"用户 ID"字段的自增属性的语句如下：

```
Alter Table 用户注册信息 Change 用户 ID 用户 ID int Unsigned Not Null ;
```

按【Enter】键执行该语句，即可完成"用户 ID"字段自增属性的删除操作。

10. 使用 Show Create Table 语句查看"订单信息"数据表中的约束

查看"订单信息"数据表中约束的语句如下：

```
Show Create Table 订单信息 ;
```

结果如下所示：

```
CREATE TABLE '订单信息' (
  '订单ID' int NOT NULL,
  '订单编号' char(12) NOT NULL,
  '提交订单时间' datetime NOT NULL,
  '订单完成时间' datetime NOT NULL,
  '送货方式' varchar(10) NOT NULL,
  '客户姓名' varchar(20) NOT NULL,
  '收货人' varchar(20) NOT NULL,
  '付款方式' varchar(8) NOT NULL,
  '商品总额' decimal(10,2) NOT NULL,
  '运费' decimal(8,2) NOT NULL,
  '优惠金额' decimal(10,2) NOT NULL,
  '应付总额' decimal(10,2) NOT NULL,
  '订单状态' varchar(8) NOT NULL,
  PRIMARY KEY ('订单ID')
) ENGINE=InnoDB DEFAULT CHARSET=utf8
```

【任务 4-10】删除数据表中已经存在的索引

【任务描述】

（1）删除"客户信息 2"数据表中的索引。

（2）删除"客户信息"数据表中的索引。

【任务实施】

1. 删除"客户信息 2"数据表中的索引

（1）使用 Alter Table 语句删除主键约束。

使用 Alter Table 语句删除主键约束的语句如下：

```
Alter Table 客户信息2 Drop Primary Key ;
```

（2）使用 Drop Index 语句删除索引。

使用 Drop Index 语句删除索引的语句如下：

```
Drop Index 客户姓名 On 客户信息2 ;
Drop Index IX_客户ID On 客户信息2 ;
```

（3）使用 Alter Table 语句删除索引。

使用 Alter Table 语句删除索引的语句如下：

```
Alter Table 客户信息2 Drop Index IX_姓名 ;
```

使用"Show Index From 客户信息 2 ;"语句查看"客户信息 2"数据表中的索引，出现提示信息"Empty set (0.00 sec)"，即该数据表不存在索引设置，表明成功删除了索引。

2. 删除"客户信息"数据表中的索引

（1）使用 Alter Table 语句删除主键约束。

使用 Alter Table 语句删除主键约束的语句如下：

```
Alter Table 客户信息 Drop Primary Key ;
```

（2）使用 Drop Index 语句删除索引。

使用 Drop Index 语句删除索引的语句如下：

```
Drop Index IX_姓名 On 客户信息 ;
```

使用"Show Index From 客户信息 ;"语句查看"客户信息"数据表中的索引，出现提示信息"Empty set (0.00 sec)"，即该数据表不存在索引设置，表明成功删除了索引。

课后习题

1. 选择题

（1）以下语句中（   ）不能用于创建索引。

    A. Create Index   B. Create Table   C. Alter Table   D. Create Databse

（2）MySQL 中，索引可以提高（   ）操作的效率。

    A. 插入   B. 更新   C. 删除   D. 查询

（3）MySQL 中，指定唯一约束的关键字是（   ）。

    A. Fulltext   B. Only   C. Unique   D. Index

（4）下列关于 MySQL 数据表主键约束的描述正确的是（   ）。

    A. 一个数据表可以有多个主键约束   B. 一个数据表只能有一个主键约束

    C. 主键约束只能由一个字段组成   D. 以上说法都不对

（5）下面关于 MySQL 数据表中约束的描述正确的是（   ）。

    A. Unique 约束字段可以包含 Null 值

    B. 数据表数据的完整性使用表约束就足够了

    C. MySQL 中的主键必须设置自增属性

    D. 以上说法都不对

（6）下面哪一个约束需要涉及两个数据表（   ）。

    A. 外键约束   B. 主键约束   C. 非空约束   D. 默认值约束

（7）以下关于 MySQL 数据表主键的说法中，错误的是（   ）。

    A. 一个 MySQL 数据表只能有一个主键字段

    B. 主键字段值可以包含一个空值

    C. 主键字段的值不能有重复值

    D. 删除主键只是删除了指定的主键约束，并没有删除设置了主键的字段

（8）为 MySQL 数据表某字段设置默认值约束时，该字段最好同时具有（   ）。

    A. 主键约束   B. 外键约束   C. 非空约束   D. 唯一约束

（9）创建索引时，Asc 参数表示（   ）。

    A. 升序排列   B. 降序排序   C. 单列索引   D. 多列索引

（10）关于索引的删除操作，以下描述中正确的是（　　）。

    A．索引一旦创建，不能删除　　　　B．一次只能删除一个索引

    C．一次可以删除多个索引　　　　　D．以上都不对

（11）在给已经存在的数据表添加索引时，通常需要在索引名称前添加（　　）关键字。

    A．Unique　　　　B．Fulltext　　　　C．Spatial　　　　D．Index

2．填空题

（1）MySQL 的约束是指_____，能够帮助数据库管理员更好地管理数据库，并且能够确保数据库表中数据的_____和_____，主要包括_____、_____、_____、非空约束、_____和检查约束。

（2）一个数据表只能有_____个主键约束，并且设置了主键约束的字段不能接受_____值。将一个数据表的一个字段或字段组合定义为引用其他数据表的主键字段，则引用的这个字段或字段组合就称为_____。被引用的数据表称为_____，简称为_____，引用表称为_____，简称为_____。

（3）在"用户信息"数据表中，为了避免用户名重名，可以将用户名字段设置为_____约束或_____约束。

（4）使用 Create Table 语句创建包含约束的数据表时，指定主键约束的关键字为_____，指定外键约束的关键字为_____，指定唯一约束的关键字为_____，指定检查约束的关键字为_____。

（5）在数据表中插入新记录时，如果希望系统自动生成字段的值，可以通过_____关键字来实现。

（6）在 MySQL 中，Auto_Increment 约束的初始值为_____，每新增一条记录，字段值自动加_____。

（7）在 MySQL 中，查看数据表的结构数据可以使用_____语句和_____语句，通过这两个语句，可以查看数据表的字段名称、字段的数据类型和完整性约束条件等。

（8）MySQL 中使用_____语句修改数据表，重命名数据表的语句的语法格式为_____。

（9）MySQL 中删除主键约束的语句的语法格式为_____，删除外键约束的语句的语法格式为_____。

（10）MySQL 数据表中，主键约束的关键字是_____，默认值约束的关键字是_____。

（11）每个 MySQL 数据表中只有一个字段或者多个字段的组合定义为主键约束，所以该字段不能包含_____值。

（12）具有强制数据唯一性的约束包括_____和唯一约束。

（13）自增约束字段必须_____约束，否则无法创建自增约束。

（14）索引是一种重要的数据对象，能够提高数据的_____，使用索引还可以确保列的唯一性，从而保证数据的_____。

（15）如果想要删除某个指定的索引，可使用的关键字为_____和_____。

05

模块5
添加与更新MySQL数据表中的数据

数据库中的数据表是用来存放数据的，这些数据以类似表格的形式显示，每一行称为一条记录，用户可以像在Excel电子表格中一样插入、修改、删除这些数据。为此，MySQL提供了向数据表中插入记录的Insert语句、更新数据表数据的Update语句、删除数据的Delete语句。

重要说明

（1）本模块的各项任务是在模块 4 的基础上进行的，模块 4 在数据库 MallDB 中保留了以下数据表：出版社信息、商品信息、商品类型、图书信息、图书信息 2、客户信息、客户信息 2、用户信息、用户注册信息、用户类型、订单信息、订购商品。

（2）本模块在数据库 MallDB 中保留了以下数据表：user、出版社信息、出版社信息 2、商品信息、商品类型、图书信息、图书信息 2、客户信息、客户信息 2、用户信息、用户注册信息、用户类型、订单信息、订购商品。

（3）本模块所有任务完成后，参考模块 9 中介绍的备份方法将数据库 MallDB 进行备份，备份文件名为"MallDB05.sql"，示例代码为"mysqldump -u root -p --databases MallDB> D:\MySQLData\MyBackup\MallDB05.sql"。

操作准备

（1）打开 Windows 命令行窗口。

（2）如果数据库 MallDB 或者该数据库中的数据表被删除了，参考模块 9 中介绍的还原备份的方法将模块 4 中创建的备份文件"MallDB04.sql"予以还原，示例代码为"mysql –u root –p MallDB < D:\MySQLData\MallDB04.sql"。

（3）登录 MySQL 服务器。

在命令行窗口的命令提示符后输入命令"mysql -u root -p"，按【Enter】键后，输入正确的密码，这里输入"123456"。当窗口中的命令提示符变为"mysql>"时，表示已经成功登录 MySQL 服务器。

（4）选择创建表的数据库 MallDB。

在命令提示符"mysql>"后面输入选择数据库的语句：

```
Use MallDB ;
```

（5）在命令行窗口中使用复制命令的方式创建数据表"user"。

通过复制现有的数据表"用户信息"创建数据表"user"，对应的 SQL 语句如下：

```
Create  table  user  Like  用户信息 ;
```

（6）启动 Navicat For MySQL，打开已有连接 MallConn，打开其中的数据库 MallDB。

5.1 向 MySQL 数据表中添加数据

5.1.1 使用 Navicat for MySQL 向 MySQL 数据表中输入数据

数据库与数据表创建完成后，就可以向数据表中添加数据了，只有数据表中存在数据，数据库才有意义。

【任务 5-1】使用 Navicat for MySQL 向数据表中输入数据

【任务描述】

（1）在 Navicat for MySQL 的"记录编辑"窗格中，输入表 5-1 所示的"用户类型"数据表的全部记录。

表5-1   "用户类型"数据表的全部记录

用户类型 ID	用户类型名称	用户类型说明
1	个人用户	包括国内与国外个人用户
2	国内企业用户	指国内注册的企业
3	国外企业用户	指国外注册的企业

（2）对数据表中输入的数据进行必要的检查与修改。

【任务实施】

1. 利用 Navicat for MySQL 的"记录编辑"窗格输入数据

以向"用户类型"数据表中输入数据为例，说明在 Navicat for MySQL 的"记录编辑"窗格中输入数据的方法。

（1）启动图形管理工具 Navicat for MySQL。

（2）打开已有连接 MallConn。

在【Navicat for MySQL】窗口的【文件】菜单中选择【打开连接】命令，打开 MallConn 连接。

（3）打开数据库 MallDB。

在左侧的数据库列表中双击"malldb"，打开该数据库。

（4）打开【记录编辑】窗格。

在左侧列表中依次展开"malldb"→"表"文件夹,用鼠标右键单击数据表名称"用户类型",在弹出的快捷菜单中选择【打开表】命令,打开【记录编辑】窗格。

（5）输入记录数据。

在第1行的"类型编号"单元格中单击鼠标左键,系统自动选中"Null",然后输入"1",按"→"键,将光标移到下一个单元格中,输入"个人用户",再一次按"→"键将光标移到下一个单元格中或者直接在单元格中单击,输入该记录的其他数据,如图5-1所示。

第1条记录数据输入完成后,在"记录编辑"工具栏中单击【应用改变】按钮✔,保存输入的数据。

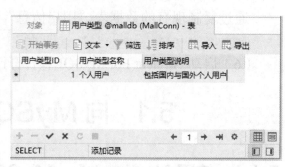

图5-1 在"记录编辑"窗格中输入1条记录

在"记录编辑"工具栏中单击【添加记录】按钮➕,增加一条空记录,将光标移到下一行并输入表5-1中的第2条记录数据,数据输入完成后单击【应用改变】按钮✔保存输入的数据,也可以单击【放弃更改】按钮✖取消数据的输入。

以同样的操作方法输入其他各条记录数据,数据输入完成后如图5-2所示。

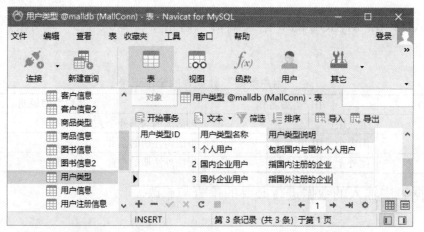

图5-2 "记录编辑"窗格中输入的"用户类型"数据

（6）关闭"记录编辑"窗格。

单击"记录编辑"窗格右上角的【关闭】按钮✖,则可以关闭"记录编辑"窗格。

【提示】用鼠标右键单击"记录编辑"窗格的标题行,在弹出的快捷菜单中选择【关闭】命令,如图5-3所示,也可以关闭当前处于打开状态的"记录编辑"窗格。

图5-3 选择【关闭】命令

2．修改数据表中的数据

用鼠标右键单击待修改数据表的名称，在弹出的快捷菜单中选择【打开表】命令，打开"记录编辑"窗格，在"记录编辑"窗格中单击需要修改数据的单元格，进入编辑状态，即可修改该单元格的值，修改完成后，系统会自动保存数据的修改，也可以单击左下角【应用改变】按钮 ✔ 保存修改。

5.1.2　向 MySQL 数据表中导入数据

【任务5-2】使用 Navicat for MySQL 导入 Excel 文件中的数据

【任务描述】

（1）导入出版社信息。Excel 工作表中的"出版社信息"数据如图 5-4 所示。该工作表有 6 行 5 列，第 1 行为标题行，其余各行都是对应的数据，每一列的第 1 行为列名，行和列的顺序可以随意调整。

	A	B	C	D	E
1	出版社ID	出版社名称	出版社简称	出版社地址	邮政编码
2	1	人民邮电出版社	人邮	北京市崇文区夕照寺街14号	100061
3	2	高等教育出版社	高教	北京西城区德外大街4号	100011
4	3	电子工业出版社	电子	北京市海淀区万寿路173信箱	100036
5	4	清华大学出版社	清华	北京清华大学学研大厦	100084
6	5	机械工业出版社	机工	北京市西城区百万庄大街22号	100037

图5-4　Excel工作表中的"出版社信息"数据

数据表中数据的组织方式与 Excel 工作表类似，都是按行和列的方式组织的，每一行表示一条记录，共有 5 条记录，每一列表示一个字段，有 5 个字段。

将文件夹"D:\MySQLData"中的 Excel 文件"MallDB.xlsx"的"出版社信息"工作表的所有数据导入数据库 MallDB，数据表的名称为"出版社信息"。

（2）导入用户数据。将文件夹"D:\MySQLData"中的 Excel 文件"MallDB.xlsx"的"用户表"工作表的所有数据导入数据库 MallDB，数据表的名称为"用户信息"。

（3）导入用户注册数据。将文件夹"D:\MySQLData"中的 Excel 文件"MallDB.xlsx"的"用户注册信息"工作表的所有数据导入数据库 MallDB，数据表的名称为"用户注册信息"。

【任务实施】

1．导入出版社信息

（1）打开 Navicat for MySQL，在数据库列表中双击数据库 MallDB，打开该数据库。

（2）在【Navicat for MySQL】窗口中单击工具栏中的【表】按钮，下方将显示对应的操作按钮，其中包括【导入向导】按钮，如图 5-5 所示。

（3）选择数据导入格式。

在左侧数据库列表中选择数据库 MallDB，然后单击【导入向导】按钮，打开【导入向导】窗口，在该窗口中选择【导入类型】为【Excel 文件 (*.xls; *.xlsx)】，如图 5-6 所示。

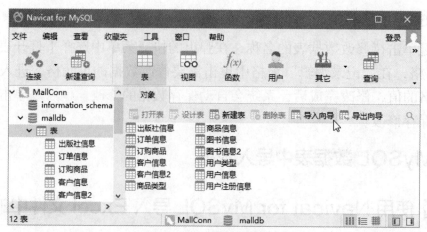

图5-5 "表"对应的操作按钮

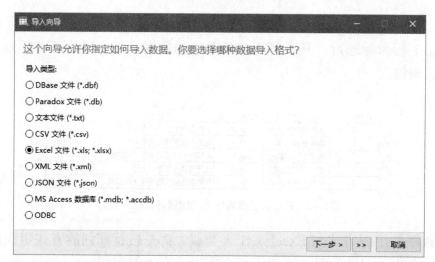

图5-6 在"选择数据导入格式"界面中选择【Excel文件(*.xls; *.xlsx)】单选按钮

（4）选择作为数据源的文件。

单击【下一步】按钮，进入"选择一个文件作为数据源"界面，在【导入从】区域单击
【浏览】按钮，打开【打开】对话框，在该对话框中选择文件夹"MySQLData"中的 Excel
文件"MallDB.xlsx"，如图 5-7 所示。

图5-7 在【打开】对话框中选择Excel文件"MallDB.xlsx"

（5）选择工作表。

单击【打开】按钮，返回【导入向导】窗口的"选择一个文件作为数据源"界面，在该界面的【表】区域选择工作表"出版社信息"，如图5-8所示。

图5-8　在"选择一个文件作为数据源"界面中选择工作表"出版社信息"

（6）为源定义一些附加的选项。

单击【下一步】按钮，进入"为源定义一些附加的选项"界面，这里保持默认设置不变，如图5-9所示。

图5-9　【导入向导】窗口的"为源定义一些附加的选项"界面

（7）选择目标表。

单击【下一步】按钮，进入"选择目标表"界面，在该界面中可以选择现有的表，也可输入新数据表名称，这里只选择现有的表"出版社信息"，如图5-10所示。

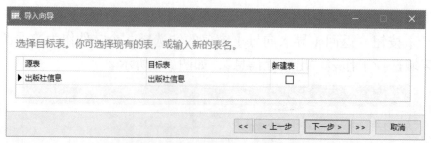

图5-10 【导入向导】窗口的"选择目标表"界面

（8）定义字段映射。

单击【下一步】按钮，进入"定义字段映射"界面，如图 5-11 所示，在该界面中可以设置映射来指定源字段与目标字段之间的对应关系，这里保持默认设置不变。

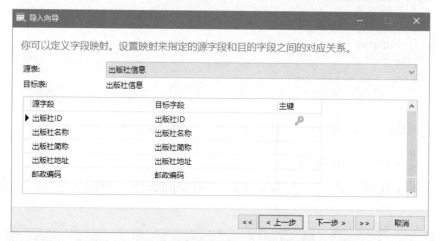

图5-11 【导入向导】窗口的"定义字段映射"界面

（9）选择所需的导入模式。

单击【下一步】按钮，进入"选择所需的导入模式"界面，这里选择【追加：添加记录到目标表】单选按钮，如图 5-12 所示。

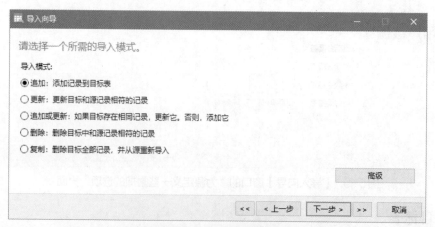

图5-12 【导入向导】窗口的"选择所需的导入模式"界面

在"选择所需的导入模式"界面中单击【高级】按钮，打开【高级】对话框，在该对话框中根据需要进行设置，这里保持默认设置不变，如图 5-13 所示。然后单击【确定】按钮返回【导入向导】窗口的"选择所需的导入模式"界面。

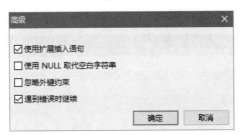

图5-13　【高级】对话框

（10）完成数据导入操作。

单击【下一步】进入【导入向导】窗口的最后一个界面，在该界面中单击【开始】按钮，开始导入，导入完成后会显示相关提示信息，如图5-14所示。单击【关闭】按钮关闭【导入向导】窗口即可。

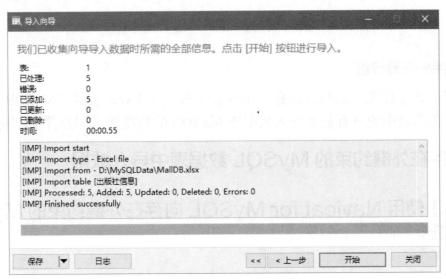

图5-14　导入操作完成时的界面

2．导入用户数据

将 Excel 文件"MallDB.xlsx"的"用户表"工作表中的所有数据导入数据表"用户信息"中的步骤与前面导入工作表"出版社信息"基本相同，有以下两个关键步骤需要加以注意。

第 7 步选择目标表时不能选择"用户表"，而应该在数据表列表中选择"用户信息"，取消勾选【新建表】下方的复选框，如图5-15所示。

图5-15　目标表选择"用户信息"

第 8 步定义字段映射时目标字段也不能采用默认值，而应该选择目标表"用户信息"中的对应字段，分别为"UserID""UserNumber""Name""UserPassword"，如图 5-16 所示。

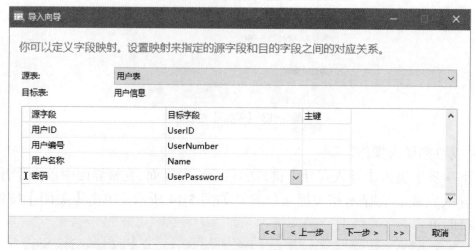

图5-16　在目标表"用户信息"中选择合适的目标字段

3. 导入用户注册数据

参考前面导入工作表"出版社信息"的操作步骤，将 Excel 文件"MallDB.xlsx"的"用户注册信息"工作表中的所有数据导入数据库 MallDB 的数据表"用户注册信息"中。

5.1.3　向存在外键约束的 MySQL 数据表中导入数据

【任务 5-3】使用 Navicat for MySQL 向存在外键约束的 MySQL 数据表导入数据

【任务描述】

（1）删除模块 4 中创建的数据表"图书信息 2"，再使用表 4-7 所示的 SQL 语句重新创建主表"出版社信息 2"和包含外键约束的从表"图书信息 2"。

（2）将文件夹"D:\MySQLData"中的 Excel 文件"MallDB.xlsx"的"出版社信息"工作表的所有数据导入数据库 MallDB，数据表的名称为"出版社信息 2"。

（3）将文件夹"D:\MySQLData"中的 Excel 文件"MallDB.xlsx"的"图书信息"工作表的所有数据导入数据库 MallDB，数据表的名称为"图书信息 2"。

【任务实施】

1. 删除数据表"图书信息 2"，并重新创建主表和从表

删除数据表"图书信息 2"的语句如下：

```
Drop Table 图书信息2 ;
```

使用表 4-7 所示的 SQL 语句重新创建主表"出版社信息 2"和包含外键约束的从表"图书信息 2"。

2. 向主表"出版社信息 2"中导入数据

按照【任务 5-1】介绍的使用 Navicat for MySQL 导入 Excel 文件的步骤将文件夹"D:\MySQLData"中的 Excel 文件"MallDB.xlsx"的"出版社信息"工作表的所有数据导入数据库 MallDB，数据表的名称为"出版社信息 2"。

从 Excel 文件"MallDB.xlsx"的"出版社信息"工作表向数据表"出版社信息 2"中成功导入数据的提示信息如图 5-17 所示。

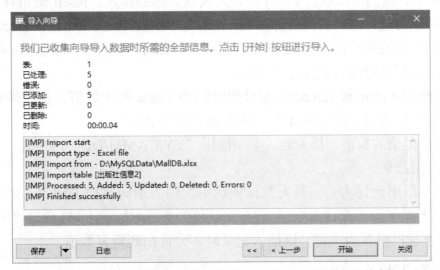

图5-17 向"出版社信息2"数据表中成功导入数据的提示信息

3. 向从表"图书信息 2"中导入数据

按照【任务 5-1】介绍的步骤将文件夹"D:\MySQLData"中的 Excel 文件"MallDB.xlsx"的"图书信息"工作表的所有数据导入数据库 MallDB，数据表的名称为"图书信息 2"。

从 Excel 文件"MallDB.xlsx"的"图书信息"工作表向数据表"图书信息 2"中成功导入数据的提示信息如图 5-18 所示。

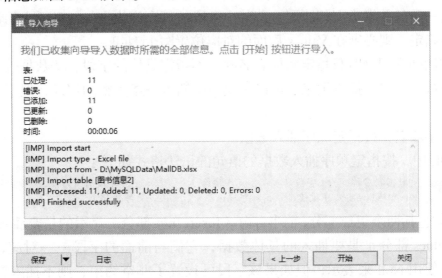

图5-18 向"图书信息2"数据表中成功导入数据的提示信息

5.1.4　使用 Insert 语句向数据表中插入数据

插入数据即向数据表中写入新的记录（数据表的一行数据称为一条记录）。插入的新记录必须完全遵守数据的完整性约束。所谓完整性约束指的是，字段是哪种数据类型，新记录对应的值就必须是这种数据类型，数据上有什么约束条件，新记录的值也必须满足这些约束条件。若不满足其中任何一条，则可能导致插入记录不成功。

在 MySQL 中，我们可以通过 Insert 语句来实现数据的插入。Insert 语句有两种方式插入数据：① 插入特定的值，即所有的值都在 Insert 语句中明确规定；② 插入 Select 查询的结果，结果为插入数据表中的那些值，在 Insert 语句中看不出来，完全由查询结果确定。

向数据表插入记录时应特别注意以下几点。

① 插入字符型（char 和 varchar）和日期时间型（date 等）数值，都必须在值的前后加半角单引号，只有数值型（int、float 等）的值前后不加单引号。

② 对于 date 类型的数值，插入时，必须使用 "YYYY-MM-DD" 的格式，且日期数据必须用半角单引号引起来。

③ 若某个字段不允许为空，且无默认值约束，则表示向数据表插入一条记录时，该字段必须写入值。若某字段不允许为空，但它有默认值约束，则插入记录时自动使用默认值代替。

④ 若某个字段已设置为主键，则插入记录时不允许出现重复数值。

1.　插入一条记录

插入一条完整的记录可以理解为向数据表的所有字段插入数据，一般有以下两种方法可以实现。

（1）不指定字段，按默认顺序插入数值。

在 MySQL 中，按默认顺序插入数据的语句的语法格式如下：

```
Insert Into <数据表名称> Values(<字段值1>，<字段值2>，…，<字段值n>)；
```

Values 后面所跟的数据列表必须和数据表的字段前后顺序一致，插入数据的个数与数据表中字段个数一致且数据类型相匹配。若某个字段的值允许为空，并且插入的记录该字段的值也为空或不确定，则必须在 Values 后面的对应位置写上 Null。

用这种方法插入记录时只指定数据表名称，不指定具体的字段，按数据表中字段的默认排列顺序填写数据，然后插入记录，可以实现一次插入一条完整的记录，但不能插入一条不完整的记录。

（2）指定字段名，按指定顺序插入数值。

在 MySQL 中，按指定顺序插入数据的语句的语法格式如下：

```
Insert Into <数据表名称> (<字段名1>，<字段名2>，…，<字段名n>)
              Values(<字段值1>，<字段值2>，…，<字段值n>)；
```

Insert 语句包括两个组成部分，前半部分（Insert Into 部分）显示的是要插入的字段名称，后半部分（Values 部分）是要插入的具体数据，它们与前面的字段一一对应，如果某个字段为空值，可使用 Null 来表示，但如果该字段已设置了非空约束，则不插入 Null 值。如果 Insert 语句中指定的字段比数据表中的字段数要少，Values 部分的数据与 Insert Into 部分的字段对应即可。Insert 语句中的字段名个数和顺序如果与数据表完全一致，则语句中的字段名可以省略不写。

这种方法在数据表名称的后面指定要插入的数据所对应的字段，并按指定顺序写入数据。该方法的 Insert 语句中的数据顺序与字段顺序必须完全一致，但字段的排列顺序与数据表中的字段排列顺序可以不一致。

如果只需要向数据表中的部分字段插入值，则在 Insert 语句中指定需要插入值的部分字段与字段值即可；没有在 Insert 语句出现的字段，系统会自动向相应字段插入定义数据表时的默认值，如果有些字段没有设置默认值，其值允许为空，在 Insert 语句中可以不写出字段名及 Null 值。

这种方法既可以实现插入一条完整记录，也可以实现插入一条不完整的记录。

【提示】自动编号的标识列的值不能使用 Insert 语句插入。

2. 插入多条记录

在 MySQL 中，使用 Insert 语句可以同时向数据表中插入多条记录，插入时指定多个值列表，一次插入多条记录的语句的语法格式如下：

```
Insert Into <数据表名称> (<字段名1>， <字段名2> ，…，<字段名n)，
            Values(<字段值11>，<字段值12>，…，<字段值1n)，
                  (<字段值21>，<字段值22> ，…，<字段值2n)，
                  …
                  (<字段值m1>，<字段值m2>，…，<字段值mn>)；
```

这种方法将所插入的多条记录的数据按相同的顺序写在 Values 后面，每一条记录的对应值使用半角括号"()"括起来，且使用半角逗号","分隔。注意，一条 Insert 语句只能配一个 Values 关键字，如果要写多条记录，只需要在取值列表（即小括号中的数据）后面再跟另一条记录的取值列表即可。

3. 将一个数据表中的数据添加到另一个数据表中

将一个数据表中的数据添加到另一个数据表中的 SQL 语句如下：

```
Insert Into <目标数据表名称> Select * | <字段列表> From <源数据表名称>；
```

4. 插入查询语句的执行结果

Insert 可以将 Select 语句查询的结果插入数据表中，而不需要把多条记录的值一条一条地输入，只需要使用一条 Insert 语句和一条 Select 语句的组合语句即可快速地从一个或多个数据表向另一个数据表中插入多条记录。

将查询语句的执行结果数据插入数据表中的语法格式如下：

```
Insert Into <数据表名称>[<字段列表>] <Select 语句>；
```

使用这种方法必须合理地设置查询语句的结果字段顺序，并保证查询的结果值和数据表的字段相匹配，否则会导致插入数据不成功。

【任务 5-4】 使用 Insert 语句向数据表中插入记录

【任务描述】

"客户信息"数据表中的示例数据如表 5-2 所示。

表5-2 　　　　　　　　　　"客户信息"数据表中的示例数据

客户ID	客户姓名	地址	联系电话	邮政编码
1	蒋鹏飞	湖南省浏阳生物医药产业基地	83285001	410311
2	谭琳	湖南省郴州市苏仙区高期贝尔工业园	82666666	413000
3	赵梦仙	湖南省长沙经济技术开发区东三路 5 号	84932856	410100
4	彭运泽	湖南省长沙经济技术开发区贺龙体校路 27 号	58295215	411100
5	高首	湖南省长沙市青竹湖大道 399 号	88239060	410152
6	文云	湖南省益阳市高新区迎宾西路 16 号	82269226	413000
7	陈芳	湖南省长沙市芙蓉区嘉雨路 187 号	82282200	410001
8	廖时才	湖南省株洲市天元区黄河南路 199 号	22837219	412007

（1）在 MallDB 数据库的"客户信息"数据表中插入表 5-2 中的第 1 行数据。

（2）在 MallDB 数据库的"客户信息"数据表中插入表 5-2 中的第 2 行至第 8 行数据。

（3）将"客户信息"数据表中的全部记录数据插入另一个数据表"客户信息 2"中。

【任务实施】

1. 一次插入一条完整记录

对应的 SQL 语句如下：

```
Insert Into 客户信息（客户ID，客户姓名，地址，联系电话，邮政编码）
    Values(1,"蒋鹏飞","湖南省浏阳长沙生物医药产业基地","83285001","410311");
```

2. 一次插入多条完整记录

对应的 SQL 语句如下：

```
Insert Into 客户信息(客户ID,客户姓名,地址,联系电话,邮政编码)
    Values(2,"谭琳","湖南省郴州苏仙区高期贝尔工业园","82666666","413000"),
         (3,"赵梦仙","湖南省长沙经济技术开发区东三路 5 号","84932856","410100"),
         (4,"彭运泽","湖南省长沙经济技术开发区贺龙体校路 27 号","58295215","411100"),
         (5,"高首","湖南省长沙市青竹湖大道 399 号","88239060","410152"),
         (6,"文云","湖南省益阳市高新区迎宾西路 16 号","82269226","413000"),
         (7,"陈芳","湖南省长沙市芙蓉区嘉雨路 187 号","82282200","410001"),
         (8,"廖时才","湖南省株洲市天元区黄河南路 199 号","22837219","412007");
```

在数据表中插入多行记录时，将所有字段的值按数据表中各字段的顺序列出来即可，不必在列表中多次指定字段名。

3. 将一个数据表中的数据添加到另一个数据表中

向"客户信息 2"数据表中插入"客户信息"数据表中的数据，对应的 SQL 语句如下：

```
Insert Into 客户信息2 Select * From 客户信息;
```

5.2　修改 MySQL 数据表中的数据

如果发现数据表中的数据不符合要求，可以对其进行更新，更新数据的方法有多种，下面分别进行介绍。

5.2.1　使用 Navicat for MySQL 查看与修改 MySQL 数据表的记录

我们经常需要对数据表中的数据进行各种操作，主要包括插入、修改和删除操作。可以使用图形化管理工具操作表中的记录，也可以使用 SQL 语句操作表中的记录。

【任务 5-5】使用 Navicat for MySQL 查看与修改数据表的记录

【任务描述】

（1）查看数据库 MallDB 中数据表“用户注册信息”的全部记录。

（2）将用户“肖娟”的“权限等级”修改为“A”。

【任务实施】

首先启动图形管理工具 Navicat for MySQL，打开连接 MallConn，打开数据库 MallDB。

1. 查看数据表中的全部记录

在“数据库对象”窗格中依次展开“malldb”→“表”，然后用鼠标右键单击数据表“用户注册信息”，在弹出的快捷菜单中选择【打开表】命令，也可以在【对象】区域的工具栏中单击【打开表】按钮，打开数据表“用户注册信息”的“记录编辑”窗格，查看该数据表中的记录，结果如图 5-19 所示。

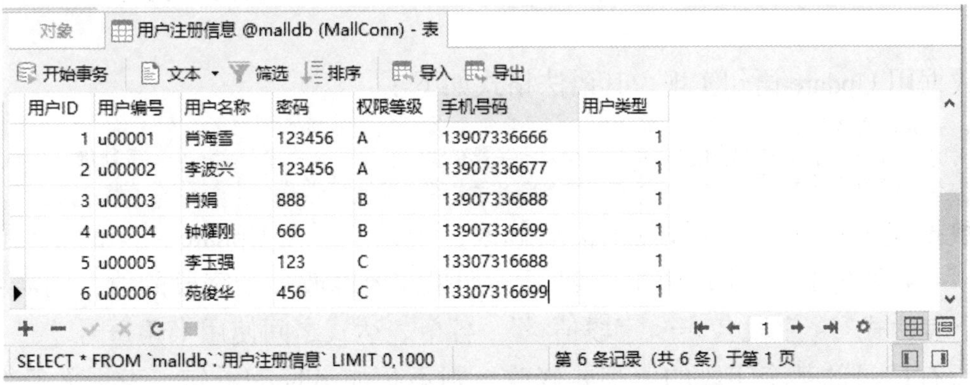

用户ID	用户编号	用户名称	密码	权限等级	手机号码	用户类型
1	u00001	肖海雪	123456	A	13907336666	1
2	u00002	李波兴	123456	A	13907336677	1
3	u00003	肖娟	888	B	13907336688	1
4	u00004	钟耀刚	666	B	13907336699	1
5	u00005	李玉强	123	C	13307316688	1
6	u00006	苑俊华	456	C	13307316699	1

图5-19　在Navicat for MySQL中查看数据表“用户注册信息”中的记录

2. 修改数据表中的记录数据

打开数据表“用户注册信息”，在用户名称“肖娟”行对应的“权限等级”字段的单元格中单击，进入编辑状态，然后将原来的“B”修改为“A”，修改结果如图 5-20 所示。

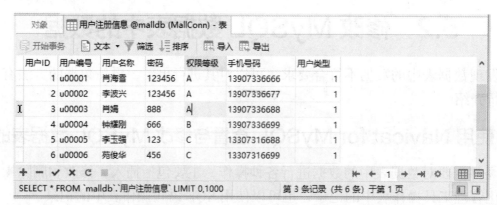

图5-20　修改数据表"用户注册信息"中的部分记录数据

记录数据修改后，单击下方的【应用改变】按钮 ✓，则数据修改生效；如果单击下方的
【取消改变】按钮 ✕，则数据修改失效，恢复为修改之前的数据。数据修改完成后，在其他
单元格单击，数据修改也会生效。

【说明】

在【Navicat for MySQL】窗口的"记录编辑"窗格中，单击下方的【新建记录】按钮 ✚
可以在尾部新增一行空白记录，然后输入数据即可。也可以先选中需要删除的记录，然后单
击下方【删除记录】按钮 ➖ 删除选中的记录。

5.2.2　使用 Update 语句更新数据表中的数据

数据表中已经存在的数据也可能需要修改，此时，我们可以只修改某个字段的值，而不
用去管其他数据。修改数据的操作可以看作把数据表先从行的方向上筛选出那些要修改的记
录，然后对筛选出来的记录的某些字段的值进行修改。

使用 Update 语句更新数据表中的数据，可以更新特定的数据，也可以同时更新所有记
录的数据。

修改数据用 Update 语句实现，其语法格式如下：

```
Update <数据表名称>
Set <字段名 1>=<字段值 1> [, <字段名 2>=<字段值 2>, …, <字段名 n>=<字段值 n>]
[ Where <条件表达式> ];
```

如果数据表中只有一个字段的值需要修改，则只需要在 Update 语句的 Set 子句后跟一
个表达式"<字段名 1>=<字段值 1>"即可。如果需要修改多个字段的值，则需要在 Set 子
句后跟多个表达式"<字段名>=<字段值>"，各个表达式之间使用半角逗号","分隔。

如果所有记录的某个字段的值都要修改，则不必加 Where 子句，表示无条件修改，即
修改所有记录的字段值。

【任务 5-6】使用 Update 语句更新数据表中的数据

【任务描述】

（1）将"用户注册信息"数据表中用户编号为"u00003"的注册用户的"权限等级"修
改为"B"。

（2）将"用户注册信息"数据表中的前两个注册用户的"权限等级"修改为"B"。

【任务实施】

1. 修改符合条件的单个数据

对应的 SQL 语句如下：

```
Update 用户注册信息  Set 权限等级='B'  Where 用户编号 = 'u00003' ;
```

2. 使用 Top 表达式更新多行数据

对应的 SQL 语句如下：

```
Update 用户注册信息 Set 权限等级='B'  Limit 2 ;
```

5.3 删除数据表中的记录

如果数据表中的数据无用了，可以将其删除，需要注意的是，删除数据后不容易恢复，因此需要谨慎操作。在删除数据表中的数据之前，如果不能确定这些数据以后是否还会有用，最好对其进行备份。

5.3.1 使用 Navicat for MySQL 删除数据表中的记录

【任务 5-7】使用 Navicat for MySQL 删除数据表中的记录

【任务描述】

在 MallDB 数据库的"客户信息 2"数据表中删除"客户姓名"为"谭琳""高首""陈芳"的 3 条记录。

【任务实施】

1. 启动图形管理工具 Navicat for MySQL

2. 打开已有连接 MallConn

在【Navicat for MySQL】窗口的【文件】菜单中选择【打开连接】命令，打开 MallConn 连接。

3. 打开其中的数据库 MallDB

在左侧数据库列表中双击"malldb"，打开该数据库。

4. 打开"记录编辑"窗格

在数据库列表中依次展开"mallDB"→"表"，用鼠标右键单击数据表名称"客户信息 2"，在弹出的快捷菜单中选择【打开表】命令，打开"记录编辑"窗格。

5. 删除的多条记录

先直接单击选中"客户姓名"为"谭琳"的一条记录，然后按住【Ctrl】键依次选择"客户姓名"为"高首"和"陈芳"的两条记录，接着用鼠标右键单击选中的记录行，从弹出的快捷菜单中选择【删除 记录】命令，如图 5-21 所示。

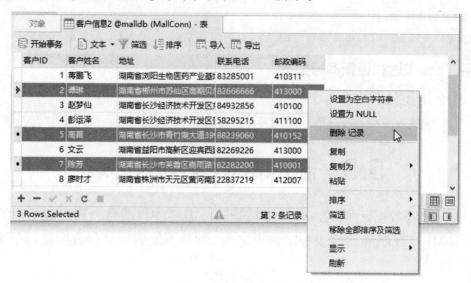

图5-21　依次选择3条待删除的记录后在快捷菜单中选择【删除 记录】命令

在弹出的【确认删除】对话框中单击【删除 3 条记录】按钮即可将选中的记录删除，如图 5-22 所示。

"客户信息 2"数据表在删除 3 条记录以前共有 8 条记录，删除 3 条记录后仅剩下 5 条记录，如图 5-23 所示。

图5-22　【确认删除】对话框

图5-23　"客户信息2"数据表删除3条记录后剩下的5条记录

5.3.2　使用 Delete 语句删除数据表中的记录

使用 Delete 语句删除数据表中记录的语法格式如下：

```
Delete  From  <数据表名称>  [Where <条件表达式>]；
```

Delete 语句中如果没有 Where 子句，则表示无条件删除，会将数据表中的所有记录都删除，即清空数据表中的所有数据；如果包含 Where 子句，则只会删除符合条件的记录，其他记录不会被删除。

使用 Truncate 语句也可以删除数据表中的数据，其语法格式如下：

```
Truncate Table <数据表名称> ;
```

【任务 5-8】使用 Delete 语句删除数据表中的记录

【任务描述】

（1）在 MallDB 数据库的"客户信息 2"数据表中删除"客户 ID"为"6"的记录。

（2）删除 MallDB 数据库的"客户信息 2"数据表中剩下的所有记录。

【任务实施】

1. 删除"客户信息 2"数据表中符合条件的记录

删除"客户信息 2"数据表中符合条件的记录对应的 Delete 语句如下：

```
Delete From 客户信息2 Where 客户ID=6 ;
```

然后使用"Select * From 客户信息 2 ;"语句查看数据表"客户信息 2"剩下的记录，结果如图 5-24 所示。

客户ID	客户姓名	地址	联系电话	邮政编码
1	蒋鹏飞	湖南省浏阳生物医药产业基地	83285001	410311
3	赵梦仙	湖南省长沙经济技术开发区东三路5号	84932856	410100
4	彭运泽	湖南省长沙经济技术开发区贺龙体校路27号	58295215	411100
8	廖时才	湖南省株洲市天元区黄河南路199号	22837219	412007

图5-24　"客户信息2"数据表中剩下的记录

2. 删除"客户信息 2"数据表中剩下的所有记录

删除"客户信息 2"数据表中剩下的所有记录对应的 Delete 语句如下：

```
Delete From 客户信息2 ;
```

或者使用如下所示的 Truncate 语句：

```
Truncate Table 客户信息2 ;
```

5.4　从 MySQL 数据表中导出数据

【任务 5-9】使用 Navicat for MySQL 将数据表中的数据导出到 Excel 工作表中

【任务描述】

使用 Navicat for MySQL 将数据库 MallDB 的数据表"用户信息"中的数据导出到"D:\MySQLData\ 数据备份"文件夹的 Excel 文件"用户信息 .xlsx"中。

【任务实施】

1. 打开数据库

打开 Navicat for MySQL，在数据库列表中双击数据库"malldb"，打开该数据库。

2. 显示对应的操作按钮

在【Navicat for MySQL】窗口中单击工具栏中的【表】按钮，下方将显示对应的操作按钮。

3. 选择数据的导出格式

在左侧的数据库列表中选择数据库"malldb"，然后单击【导出向导】按钮，打开【导出向导】窗口，然后在该窗口的【导出格式】列表中选择【Excel 文件（2007 或更高版本）(*.xlsx)】单选按钮，如图 5-25 所示。

图5-25　在"选择导出格式"界面中选择【Excel文件（2007或更高版本）(*.xlsx)】单选按钮

4. 选择导出文件

单击【下一步】按钮，进入"选择导出文件并定义一些附加选项"界面，在【导出到】区域单击【浏览】按钮，打开【另存为】对话框，在该对话框中选择文件夹"MySQLData\数据备份"，在【文件名】输入框中输入文件名"用户信息.xlsx"，如图 5-26 所示。

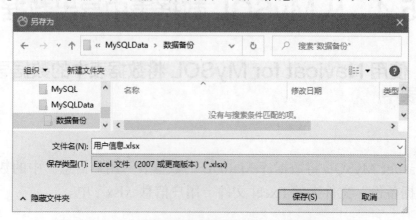

图5-26　在【另存为】对话框中选择文件夹并输入文件名

在【另存为】对话框中单击【保存】按钮，返回"选择导出文件并定义一些附加选项"界面，如图5-27所示。

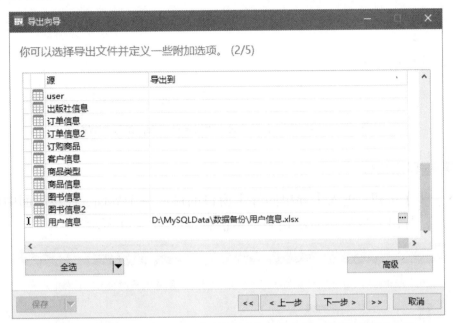

图5-27　【导出向导】窗口的"选择导出文件并定义一些附加选项"界面

5. 选择导出的列

单击【下一步】按钮，进入"选择导出列"界面，在该界面中选择"用户信息"中的全部字段，如图5-28所示。

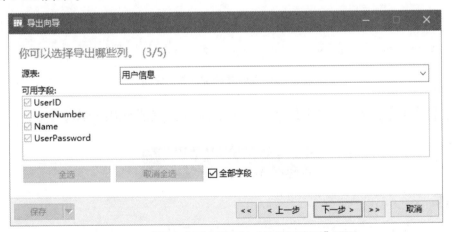

图5-28　【导出向导】窗口的"选择导出列"界面

6. 设置一些附加的选项

单击【下一步】按钮，进入"定义一些附加的选项"界面，这里勾选【包含列的标题】和【遇到错误时继续】两个复选框，如图5-29所示。

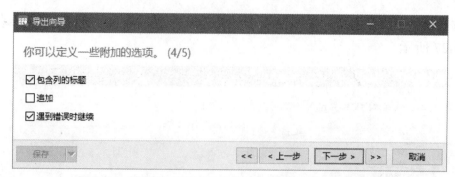

图5-29 【导出向导】窗口的"定义一些附加的选项"界面

7. 完成数据导出操作

单击【下一步】按钮，进入【导出向导】窗口的最后一个界面，在该界面中单击【开始】按钮，开始导出，导出完成后会显示相关提示信息，如图5-30所示。

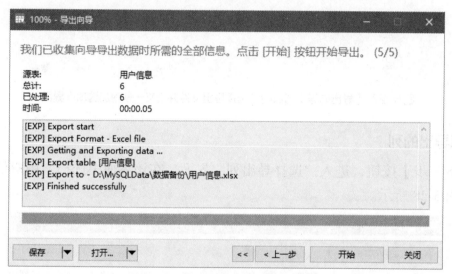

图5-30 导出操作完成时的界面

最后单击【关闭】按钮，关闭【导出向导】窗口，完成导出操作。

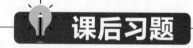

1. 选择题

（1）要快速完全清空一个数据表中的记录可以使用（　　）语句。

    A. truncate table B. delete table C. drop table   D. clear table

（2）以下（　　）语句无法在数据表中增加记录。

    A. Insert into...Values...   B. Insert into...Select...

    C. Insert into...Set...   D. Insert into...Update...

（3）以下关于向 MySQL 数据表中添加数据的描述，错误的是（　　）。

    A. 可以一次性向数据中的所有字段添加数据

    B. 可以根据条件向数据表中的字段添加数据

C. 可以一次性向数据表中添加多条记录

D. 一次只能向数据表中添加一条记录

（4）以下关于修改 MySQL 数据表中的数据的描述，正确的是（　　　）。

A. 一次只能修改数据中的一条记录

B. 一次可以修改指定的多条记录

C. 不能根据指定条件修改部分记录的数据

D. 以上说法都不对

（5）以下关于删除 MySQL 数据表记录的描述，正确的是（　　　）。

A. 使用 Delete 语句可以删除数据表中的全部记录

B. 使用 Delete 语句可以删除数据表中的一条或多条记录

C. 使用 Delete 语句一次只能删除一条记录

D. 以上说法都不对

2. 填空题

（1）向 MySQL 数据表中添加记录时，使用的关键字是＿＿＿＿＿＿。

（2）修改 MySQL 数据表中的记录数据时，使用的关键字是＿＿＿＿＿＿。

（3）删除 MySQL 数据中的记录时，使用的关键字是＿＿＿＿＿＿。

（4）更新 MySQL 数据表某个字段所有数据记录的关键字是＿＿＿＿＿＿。

模块6

使用SQL语句查询MySQL数据表

使用数据库和数据表的主要目的是存储数据，以便在需要时检索、统计数据或输出数据。使用关系数据库的主要优点是可以构造多个数据表来有效地消除数据冗余，即把数据存储在不同的数据表中，以防止数据冗余、更新复杂等问题，然后使用连接查询或视图获取多个数据表中的数据。通过SQL语句可以从数据表或视图中迅速、方便地检查数据。

在MySQL中，可以使用Select语句来实现数据查询，按照用户要求设置不同的查询条件，对查询数据进行筛选，从数据库中检索特定信息，并将查询结果以表格形式返回。还可以对查询结果进行排序、分组和统计运算。

重要说明

（1）本模块的各项任务是在模块5的基础上进行的，模块5在数据库MallDB中保留了以下数据表：user、出版社信息、出版社信息2、商品信息、商品类型、图书信息、图书信息2、客户信息、客户信息2、用户信息、用户注册信息、用户类型、订单信息、订购商品。

（2）本模块在数据库MallDB中保留了以下数据表：user、出版社信息、出版社信息2、商品信息、商品类型、图书信息、图书信息2、图书汇总信息、客户信息、客户信息2、用户信息、用户注册信息、用户类型、订单信息、订购商品。

（3）本模块所有任务完成后，参考模块9中介绍的备份方法将数据库MallDB进行备份，备份文件名为"MallDB06.sql"，示例代码为"mysqldump -u root -p --databases MallDB> D:\MySQLData\MyBackup\MallDB06.sql"。

操作准备

（1）打开Windows命令行窗口。

（2）如果数据库MallDB或者该数据库中的数据表被删除了，参考模块9中介绍的还原备份的方法将模块5中创建的备份文件"MallDB05.sql"予以还原。

示例代码为"mysql –u root –p MallDB < D:\MySQLData\MallDB05.sql"。

（3）登录 MySQL 服务器。

在命令行窗口中的命令提示符后输入命令"mysql -u root -p"，按【Enter】键后，输入正确的密码，这里输入"123456"。当窗口中的命令提示符变为"mysql>"时，表示已经成功登录 MySQL 服务器。

（4）选择创建表的数据库 MallDB。

在命令提示符"mysql>"后面输入选择数据库的语句：

```
Use MallDB ;
```

（5）启动 Navicat For MySQL，打开已有连接 MallConn，打开其中的数据库 MallDB。

（6）将"订单信息"数据表中的字段名称"客户姓名"修改为"客户"，将该字段的数据类型修改为"int"，修改字段结构的语句如下：

```
Alter Table 订单信息 Change 客户姓名 客户 int Not Null ;
```

【说明】为保证成功修改字段结构，在修改前，先将"订单信息"数据表中的记录数据全部删除。

（7）为了保证本模块所有的查询操作都能顺利进行，并且读者的查询结果与各项任务完成后的查询结果一致，先将数据表 MallDB 中所有数据表的数据全部删除，再在 Navicat For MySQL 中重新导入全部数据。

6.1 创建单表基本查询

1. Select 语句的语法格式及其功能

（1）Select 语句的一般格式。

MySQL 从数据表中查询数据的基本语句为 Select 语句，Select 语句的一般格式如下：

```
Select        <字段名称或表达式列表>
From          <数据表名称或视图名称>
[ Where       <条件表达式>          ]
[ Group By    <分组的字段名称或表达式> ]
[ Having      <筛选条件>            ]
[ Order By    <排序的字段名称或表达式>  Asc | Desc  ]
[ 数据表的别名 ]
```

（2）Select 语句的功能。

根据 Where 子句的条件表达式从 From 子句指定的数据表中找出满足条件的记录，再根据 Select 子句选出记录中的字段值，把查询结果以表格的形式返回。

（3）Select 语句的说明。

Select 关键字后面跟的是要检索的字段列表。SQL 查询子句的顺序为 Select、Into、From、Where、Group By、Having 和 Order By。其中 Select 子句和 From 子句是必需的，其余的子句均可省略；而 Having 子句只能和 Group By 子句搭配起来使用。From 子句用于返回初始结果集，Where 子句用于排除不满足搜索条件的记录，Group By 子句用于将选定的行分组，Having 子句用于排除不满足分组聚合后搜索条件的记录。

① Select 后面的字段名称或表达式列表表示需要查询的字段名称或表达式。

② From 子句用于标识要从中检索数据的一个或多个数据表或视图。

③ Where 子句用于设置查询条件以返回需要的记录，如果有 Where 子句，就按照对应的"条件表达式"规定的条件进行查询；如果没有 Where 子句，就查询所有记录。

④ Group By 子句用于将查询结果按指定的一个字段或多个字段的值进行分组统计，分组字段或表达式的值相等的被分为同一组。Group By 子句通常与 Count()、Sum() 等聚合函数配合使用。

⑤ Having 子句与 Group By 子句配合使用，用于对 Group By 子句分组的结果进一步限定搜索条件，满足该筛选条件的数据才能输出。

⑥ Order By 子句用于将查询结果按指定的字段进行排序。排序方式包括升序和降序，其中 Asc 表示记录按升序方式排列，Desc 表示记录按降序方式排列，默认状态下，记录按升序方式排列。

【提示】

MySQL 中的 SQL 语句不区分大小写，SELECT、select 与 Select 是等价的，它们执行后的结果是一样的，但代码的可读性不一样，本书中将 SQL 语句关键字约定为首字母大写，方便阅读与维护代码。

⑦ 数据表的别名用于代替数据表的原名称。

2. SQL 的语言类型及常用的语句

SQL 的语言类型及常用的语句如表 6-1 所示。

表6-1　　　　　　　　　　　SQL的语言类型及常用的语句

语言类型	功能描述	常用语句
数据定义语言（DDL）	用于创建、修改和删除数据库对象，这些数据库对象主要包括：数据库、数据表、视图、索引、函数、存储过程、触发器等	Create 语句用于创建对象，Alter 语句用于修改对象，Drop 语句用于删除对象
数据操纵语言（DML）	用于操纵和管理数据表和视图，包括查询、插入、更新和删除数据表中的数据	Select 语句用于查询数据表或视图中的数据，Insert 语句用于向数据表或视图中插入数据，Update 语句用于更新数据表或视图中的数据，Delete 语句用于删除数据表或视图中的数据
数据控制语言（DCL）	用于设置或者更改数据库用户的权限	Grant（授予）用于授予用户某个权限，Revoke（撤销）用于撤销用户的某个权限，Deny 用于拒绝给当前数据库中的用户或角色授予权限，并防止用户或角色通过组或角色成员继承权限

【任务 6-1】使用 Navicat for MySQL 实现查询操作

【任务描述】

在 Navicat for MySQL 中创建、运行查询，查询"用户信息"数据表中所有的记录，要求将该表各个字段的别名设置为"用户 ID""用户编号""用户名称""密码"。

【任务实施】

1. 打开数据库

启动图形管理工具 Navicat for MySQL，打开连接 MallConn，打开数据库 MallDB。

2. 显示查询对象

单击【Navicat for MySQL】窗口工具栏中的【查询】按钮，显示查询对象。

3. 显示对应的按钮

单击【新建查询】按钮，显示对应的按钮，如图 6-1 所示。

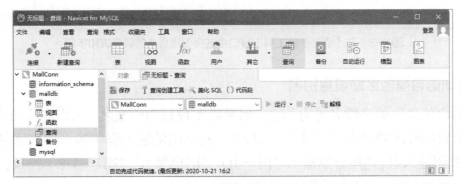

图6-1 查询对应的按钮

单击【查询创建工具】按钮，弹出【查询创建工具】窗口，该窗口左侧为数据表列表，中部上方为数据表或视图显示区域，中部下方提供了创建查询语句的模板，右侧为 SQL 语句显示区域，如图 6-2 所示。

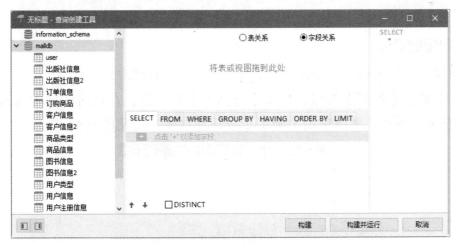

图6-2 【查询创建工具】对话框

4. 选择创建查询的数据表及其字段

在【查询创建工具】窗口左侧的数据表列表中双击数据表"用户信息"，右上方将弹出"用户信息"数据表的字段列表，这里分别选择"UserID""UserNumber""Name""UserPassword"，窗口右侧区域自动生成了对应的 SQL 语句，如图 6-3 所示。

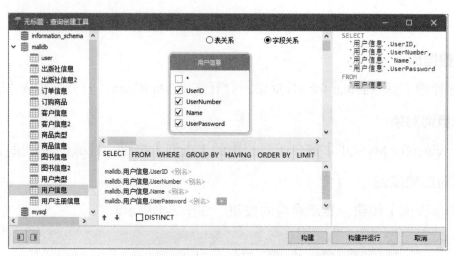

图6-3　在【查询创建工具】窗口中选择创建查询的数据表和字段

5. 在查询语句模板区域设置别名

目前"用户信息"的字段名称为英文，如果需要设置为中文名，可以在【查询创建工具】窗口的查询语句模板区域单击"＜别名＞"位置，在弹出的输入框中输入中文别名，然后单击【确定】按钮关闭输入框，这里分别输入"用户ID""用户编号""用户名称""密码"。查询"用户信息"数据表的SQL语句如下所示：

```
Select
    '用户信息'.UserID As '用户ID',
    '用户信息'.UserNumber As '用户编号',
    '用户信息'.'Name' As '用户名称',
    '用户信息'.UserPassword As '密码'
From
    '用户信息'
```

6. 保存创建的查询

在【查询创建工具】窗口中单击【构建】按钮，关闭该窗口。

在工具栏中单击【保存】按钮，打开【查询名】对话框，在该对话框中输入查询名"查询0601"，如图6-4所示，然后单击【确定】按钮保存刚才创建的查询。

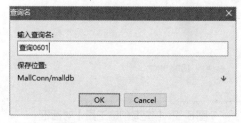

图6-4　【查询名】对话框

7. 查看SQL语句

在工具栏中单击【解释】按钮，显示【解释1】选项卡，完整的SQL语句与【解释1】选项卡如图6-5所示。

图6-5 完整的SQL语句与【解释1】选项卡

8. 运行查询

在工具栏中单击【运行】按钮，运行"查询0601"，运行结果如图6-6所示。

图6-6 "查询0601"的运行结果

【任务6-2】查询时选择与设置字段

Select 语句允许使用通配符"*"选择数据表中所有的字段，使用"All"选择所有记录，"All"一般省略不写。Select 关键字与第一个字段名称之间使用半角空格分隔，可以使用多个半角空格，其效果等效于使用一个空格。SQL 语句中各部分之间必须使用空格分隔（SQL语句中的空格必须是半角空格，如果输入全角空格，则会出现错误提示信息）。

Select 语句中，在 Select 关键字后面指定要查询的字段名称，字段列表中不同字段名称之间使用半角逗号","分隔，最后一个字段后面不能加半角逗号。语法格式如下：

```
Select 字段名称1 , 字段名称2 , … , 字段名称n From 数据表名称 ;
```

【注意】

在 SQL 语句中尽量避免使用"*"，原因是使用"*"会输出所有的字段，不利于代码的维护。该语句并没有声明哪些字段实际正在使用，这样当数据库的模式发生改变时，不容易知道已编写的代码将会怎样改变。所以明确地列出要在查询中使用的字段可以增加代码的可读性，并且可使代码更易维护。当对数据表的结构不太清楚，或要快速查看表中的记录时，使用"*"输出所有字段是很方便的。

使用 Select 语句时，返回结果中的列标题与数据表或视图中的字段名称相同。查询时可以使用 As 关键字来为字段或表达式指定标题名称，这些名称既可以用来改善查询输出的外观，也可以用来为一般情况下没有标题名称的表达式分配名称（称为别名）。使用 As 关键字为字段或表达式分配标题名称，只会改变输出结果中的列标题的名称，对该列显示的内容没有影响。

其语法格式如下：

```
Select 字段名称1 As 别名1 , 字段名称2 As 别名2, … , 字段名称n As 别名n
From 数据表名称 ;
```

其中字段名称为数据表中真实的名称，别名为输出结果中列标题的名称，As 为可选项，省略 As 时字段名称与数据表或视图中的相同。

使用 As 为字段和表达式分配的标题名称相当于实际的列名，是可以再被其他的 SQL 语句使用的。

在查询中经常需要对查询结果数据进行再次计算处理，在 MySQL 中允许直接在 Select 子句中对列数据进行计算。运算符主要包括 +（加）、-（减）、×（乘）、/（除）等。计算列并不存在于数据表中，它是通过对某些列的数据进行计算得到的。

在 Select 语句中，Select 关键字后面可以使用表达式作为检索对象，表达式可以出现在检索的字段列表的任何位置，如果表达式是数学表达式，则显示的结果是数学表达式的计算结果。例如，要求计算每一种商品的总金额，可以使用表达式"价格 * 数量"，并且使用"金额"作为输出结果的列标题。如果没有为计算列指定列名，则返回的结果中看不到列标题。

【任务6-2-1】查询所有字段。

【任务描述】

查询"用户类型"数据表中的所有字段。

【任务实施】

首先打开 Windows 命令行窗口，登录 MySQL 服务器，然后使用"Use MallDB ;"语句选择数据库 MallDB。

查询对应的 SQL 语句如下：

```
Select * From 用户类型 ;
```

查询的运行结果如图 6-7 所示。

```
用户类型ID | 用户类型名称 | 用户类型说明
        1 | 个人用户     | 包括国内与国外个人用户
        2 | 国内企业用户 | 指国内注册的企业
        3 | 国外企业用户 | 指国外注册的企业
```

图6-7 【任务6-2-1】查询的运行结果

明确指定字段名称的 SQL 语句如下：

```
Select 用户类型ID , 用户类型名称 , 用户类型说明 From 用户类型 ;
```

查询的运行结果如图 6-7 所示。

【任务6-2-2】查询指定字段。

要查询指定的字段时，只需要在 Select 子句后面输入相应的字段名称，就可以把指定的字段值从数据表中检索出来。当目标字段不止一个时，使用半角逗号"，"进行分隔。

【任务描述】

查询"用户注册信息"数据表中的所有记录，查询结果只包含"用户编号""用户名称""密码"3列数据。

【任务实施】

查询对应的 SQL 语句如下：

```
Select 用户编号 , 用户名称 , 密码 From 用户注册信息 ;
```

查询的运行结果如图 6-8 所示。

用户编号	用户名称	密码
u00001	肖海雪	123456
u00002	李波兴	123456
u00003	肖娟	888
u00004	钟耀刚	666
u00005	李玉强	123
u00006	苑俊华	456

图6-8 【任务6-2-2】查询的运行结果

【任务 6-2-3】查询经过计算后的字段。

【任务描述】

从"订购商品"数据表中查询订单商品应付金额，查询结果包含"订单编号""商品编号""购买数量""优惠价格""优惠金额""应付金额"6列数据。其中"应付金额"为计算字段，计算公式为"购买数量 * 优惠价格 – 优惠金额"。

【任务实施】

查询对应的 SQL 语句如下。

```
Select 订单编号 , 商品编号 , 购买数量 , 优惠价格 , 优惠金额 ,
    购买数量 * 优惠价格 – 优惠金额 As 应付金额 From 订购商品 ;
```

查询的运行结果如图 6-9 所示。

订单编号	商品编号	购买数量	优惠价格	优惠金额	应付金额
104117376996	12631631	1	37.70	0.00	37.70
112140713889	11537993	1	28.30	0.00	28.30
112140713889	12325352	1	35.60	0.00	35.60
112140713889	12366901	1	43.90	0.00	43.90
112140713889	12482554	1	33.70	0.00	33.70
112148145580	12520987	4	62.80	20.00	231.20
112148145580	12528944	2	63.20	10.00	116.40
112148145580	12563157	1	53.80	0.00	53.80
127768559124	100003688077	1	8499.00	0.00	8499.00
127769119516	100013232838	1	3999.00	200.00	3799.00
127770170589	100009177424	1	4499.00	0.00	4499.00
132577605708	12728744	3	39.60	10.00	108.80
132577605718	11537993	5	28.30	10.00	131.50
132577605718	12303883	1	28.40	0.00	28.40
132577605718	12634931	1	31.40	0.00	31.40

图6-9 【任务6-2-3】查询的运行结果

【任务 6-2-4】查询时为查询结果指定别名。

【任务描述】

查询"用户信息"数据表中的全部用户数据，查询结果只包含"UserNumber""Name""UserPassword"3列数据，要求这3个字段输出时分别以"用户编号""用户名称""密码"中文名称显示。

【任务实施】

查询对应的 SQL 语句如下：

```
Select UserNumber As 用户编号 , Name As 用户名称 , UserPassword As 密码
From 用户信息 ;
```

查询的运行结果如图 6-10 所示。

用户编号	用户名称	密码
u00001	肖海雪	123456
u00002	李波兴	123456
u00003	肖娟	888
u00004	钟耀刚	666
u00005	李玉强	123
u00006	苑俊华	456

图6-10 【任务6-2-4】查询的运行结果

对应 SQL 语句中的 "As" 可以省略，即写成以下形式：

```
Select  UserNumber 用户编号 , Name  用户名称 , UserPassword  密码
From  用户信息 ;
```

该语句的运行结果如图 6-10 所示。

【任务 6-3】查询时选择行

Where 子句后面是一个用逻辑表达式表示的条件，用来限制 Select 语句检索的记录，即查询结果中的记录都应该是满足该条件的记录。使用 Where 子句并不会影响所要检索的字段，Select 语句要检索的字段由 Select 关键字后面的字段列表决定。数据表中所有的字段都可以出现在 Where 子句的表达式中，不管它是否出现在要检索的字段列表中。

Where 子句后面的逻辑表达式中可以使用以下各种运算符。

（1）比较运算符。

SQL 语句中的比较运算符如表 6-2 所示。

表6-2   比较运算符

序号	运算符	说明
1	=	等于
2	<>	不等于
3	!=	不等于
4	<	小于
5	!<	不小于
6	>	大于
7	!>	不大于
8	<=	小于或等于
9	>=	大于或等于

比较运算符 "=" 用于比较两个值是否相等，若相等，则表达式的计算结果为逻辑真。当比较运算符连接的数据类型不是数字时，要用单引号把比较运行符后面的数据引起来，并且运算符两边表达式的数据类型必须保持一致。

（2）逻辑运算符（And 或 &&、Or 或 ||、Not 或 !、Xor）。

逻辑与（And）表示多个条件同时为真时才返回结果，逻辑或（Or）表示多个条件中有一个条件为真就返回结果，逻辑非（Not）表示当表达式不成立时才返回结果。

And 关键字的语法格式如下：

```
条件表达式1  And  条件表达式2  [ And 条件表达式n ]
```

Or 关键字的语法格式如下：

```
条件表达式1  Or  条件表达式2  [ Or 条件表达式n ]
```

Not 关键字的语法格式如下：

```
Not 条件表达式
Or 关键字也可以与 And 关键字一起使用，当两者一起使用时，And 的优先级要比 Or 高。
```

（3）模糊匹配运算符（Like、Not Like）。

在 Where 子句中，使用模糊匹配运算符 Like 或 Not Like 可以将表达式与字符串进行比较，从而实现模糊查询。所谓模糊查询就是查找数据表中与用户输入关键字相近或相似的记录。模糊匹配运算符通常与通配符一起使用，使用时通配符必须与字符串一起用单引号引起来。

其语法格式如下：

```
[ Not ] Like '带通配符的字符串'
```

字符串必须加上单引号或双引号，字符串中可以包含"%""_"通配符。

MySQL 提供了表 6-3 所示的模糊匹配通配符。

表6-3 模糊匹配的通配符

通配符	含义	示例
%	表示 0 ~ n 个任意字符	'XY%'：匹配以 XY 开始的任意字符串。'%X'：匹配以 X 结束的任意字符串。'X%Y'：匹配包含 XY 的任意字符串
_	表示单个任意字符	'_X'：匹配以 X 结束的包含两个字符的字符串。'X%Y'：匹配以字母 X 开头，字母 Y 结尾的包含 3 个字符的字符串

（4）范围运算符（Between And 、Not Between And 、In、Not In）。

Where 子句中可以使用范围运算符指定查询范围，当要查询的条件是某个值的范围时，可以使用 Between And 关键字。该运算符需要两个参数，即范围的起始值和终止值，如果某记录的字段值满足指定的范围查询条件，则该记录会被返回。

Between And 关键字前可以加关键字 Not，表示指定范围之外的值，如果字段值不满足指定范围内的值，则相应记录会被返回。

在 Where 子句中，使用 In 关键字可以方便地限制检查数据的范围，灵活运用 In 关键字可以使用简洁的语句实现结构复杂的查询。使用 In 关键字可以确定表达式的取值是否属于某一值列表，当与值列表中的任意一个值匹配时，即返回 True，否则返回 False。同样，如果查询表达式不属于某一值列表时可使用 Not In 关键字。

（5）空值比较运算符（Is Null、Is Not Null）。

创建数据表时，可以指定某字段是否可以包含空值（Null），空值不同于 0，也不同于空字符串，空值一般表示数据未知、不适用或将在以后再添加。

在 Select 语句中使用 Is Null 子句可以查询字段值为空的记录，使用 Is Not Null 子句可以查询字段值不为空的记录。

（6）子查询比较运算符（All、Any、Some）。

Where 子句后面的逻辑表达式中可以包含数字、货币、字符 / 字符串、日期时间等类型的字段和常量。日期时间类型的常量必须使用单引号（''）作为标记，例如 '1/1/2021'；字符 / 字符串类型的常量（即字符串）也必须使用单引号（''）作为标记，例如 ' 人民邮电出版社 '。

【任务 6-3-1】在 Where 子句中使用比较查询筛选记录。

【任务描述】

（1）从"图书信息"数据表中检索作者为"陈承欢"的图书信息。

（2）从"图书信息"数据表中检索 2020 年之后出版的图书信息。

以上两项查询的结果只需包含"商品编号""图书名称""作者""出版日期"4 个字段。

【任务实施】

1. 从"图书信息"数据表中检索作者为"陈承欢"的图书信息

第 1 项任务对应的 SQL 查询语句如下：

```
Select 商品编号,图书名称,作者,出版日期 From 图书信息 Where 作者='陈承欢';
```

【说明】比较字符串数据时，系统将从两个字符串的第一个字符开始自左至右进行对比，直到对比出两个字符串的大小为止。

2. 从"图书信息"数据表中检索 2020 年之后出版的图书信息

第 2 项任务对应的 SQL 查询语句如下：

```
Select 商品编号,图书名称,作者,出版日期 From 图书信息
        Where Year(出版日期)>2020 ;
```

查询语句中的函数 Year() 返回指定日期的"年"部分的整数。

【任务 6-3-2】查询时去除重复项。

由于"商品信息"数据表中"商品类型"字段包括了大量的重复值（一种商品类型包含了多种商品），为了剔除查询结果中的重复项，可使值相同的记录只返回其中的第一条记录。可以使用 Distinct 关键字实现本查询，使用 Distinct 关键字时，如果数据表中存在多个值为 Null 的记录，它们将被当作重复值处理。

【任务描述】

从"商品信息"数据表中检索所有商品的商品类型，并去除重复项。

【任务实施】

查询对应的 SQL 语句如下：

```
Select Distinct 商品类型 From 商品信息 ;
```

查询的运行结果如图 6-11 所示。

由于"商品信息"数据表中只有 4 种不同类型的商品，所以该查询语句只返回 4 条记录。

```
+----------+
| 商品类型  |
+----------+
| t0101    |
| t0102    |
| t020101  |
| t030101  |
```

图6-11 【任务6-3-2】查询的运行结果

【任务 6-3-3】使用 Limit 关键字查询限定数量的记录。

查询数据时，可能会查询出很多的记录，而用户需要的记录可能只是其中的很少一部分，这就需要限制查询结果的数量。Limit 是 MySQL 中的一个特殊关键字，通常放在 Select 语句后面，用来指定查询结果从哪一条记录开始显示，以及一共显示多少条记录。

Limit 关键字有以下两种使用方式。

（1）不指定初始位置。

Limit 关键字不指定初始位置时，记录从第 1 条记录开始显示，记录显示的数量由 Limit 关键字指定，其语法格式如下：

```
Limit <记录数量>
```

其中，"记录数量"参数表示记录显示的数量。如果指定的"记录数量"的值小于数据表的总记录数，将会从第 1 条记录开始显示指定数量的记录。如果指定的"记录数量"的值大于数据表的总记录数，则会直接显示数据表中的所有记录。

（2）指定初始位置。

Limit 关键字可以指定从哪一条记录开始显示，并且可以指定显示多少条记录，其语法格式如下：

```
Limit <初始位置> , <记录数量>
```

其中，"初始位置"参数指定从哪一条记录开始显示，"记录数量"参数表示记录显示的数量。初始位置为 0 表示从第 1 条记录开始，初始位置为 1 表示从第 2 条记录开始，后面记录的序号依次类推。"Limit 0,2"与"Limit 2"是等价的，都是显示前两条记录。

【任务描述】

（1）从"图书信息"数据表中检索前 5 种图书的数据。

（2）从"图书信息"数据表中检索第 2 种至第 4 种图书的数据。

以上两项查询的结果只需包含"商品编号""图书名称"两个字段。

【任务实施】

1. 从"图书信息"数据表中检索前 5 种图书的数据

从"图书信息"数据表中检索前 5 种图书的数据对应的 SQL 语句如下：

```
Select 商品编号 , 图书名称 From 图书信息 Limit 5 ;
```

查询的运行结果如图 6-12 所示。

```
+----------+--------------------------------+
| 商品编号 | 图书名称                       |
+----------+--------------------------------+
| 12631631 | HTML5+CSS3网页设计与制作实战   |
| 12303883 | MySQL数据库技术与项目应用教程  |
| 12634931 | Python数据分析基础教程         |
| 12528944 | PPT设计从入门到精通            |
| 12563157 | 给Python点颜色 青少年学编程    |
+----------+--------------------------------+
```

图6-12 查询"图书信息"数据表中前5种图书的数据

2. 从"图书信息"数据表中检索第 2 种至第 4 种图书的数据

从"图书信息"数据表中检索第 2 种至第 4 种图书的数据对应的 SQL 语句如下：

```
Select 商品编号 , 图书名称 From 图书信息 Limit 1 , 3 ;
```

查询的运行结果如图 6-13 所示。

```
+----------+--------------------------------+
| 商品编号 | 图书名称                       |
+----------+--------------------------------+
| 12303883 | MySQL数据库技术与项目应用教程  |
| 12634931 | Python数据分析基础教程         |
| 12528944 | PPT设计从入门到精通            |
+----------+--------------------------------+
```

图6-13 查询"图书信息"数据表中第2种至第5种图书的数据

由于记录的开始位置"0"表示第 1 条记录,所以第 2 种图书的位置序号为"1"。

【任务 6-3-4】 使用 Between And 关键字创建范围查询。

【任务描述】

从"图书信息"数据表中检索出版日期在"2019-10-1"和"2021-05-1"之间的图书信息,查询结果要求只需包含"商品编号""图书名称""出版日期"3 个字段。

【任务实施】

查询对应的 SQL 语句如下:

```
Select 商品编号 , 图书名称 , 出版日期 From 图书信息
      Where 出版日期 Between '2019-10-01' And '2021-05-01' ;
```

查询条件中的表达式"出版日期 Between '2019-10-01' And '2021-05-01'"也可以用表达式"出版日期 >='2019-10-01' And 出版日期 <='2021-05-01'"代替。

使用日期作为范围条件时,应用使用半角单引号将日期引起来,使用的日期格式一般是"年 - 月 - 日"。

查询的运行结果如图 6-14 所示。

【说明】 从图 6-14 所示的运行结果可以看出,查询结果中包括"2019-10-01"起始值和"2021-5-01"终止值,这也说明,Between And 关键字指定的查询范围包括起始值和终止值。

商品编号	图书名称	出版日期
12631631	HTML5+CSS3网页设计与制作实战	2019-11-01
12303883	MySQL数据库技术与项目应用教程	2021-02-01
12634931	Python数据分析基础教程	2020-03-01
12366901	教学设计、实施的诊断与优化	2021-05-01
12325352	Python程序设计	2021-03-01
12728744	财经应用文写作	2019-10-01

图6-14 【任务6-3-4】查询的运行结果

【任务 6-3-5】 使用 In 关键字创建查询。

【任务描述】

从"图书信息"数据表中检索出"陈承欢""王振世""王斌会"3 位作者编写的图书信息,查询结果要求只需包含"商品编号""图书名称""作者"3 个字段。

【任务实施】

查询对应的 SQL 语句如下:

```
Select 商品编号 , 图书名称 , 作者 From 图书信息
      Where 作者 In (' 陈承欢 ',' 王振世 ',' 王斌会 ') ;
```

查询条件中的表达式"作者 In (' 陈承欢 ',' 陈启安 ',' 陈海林 ')"也可以用表达式"(作者 =' 陈承欢 ') Or (作者 =' 王振世 ') Or (作者 =' 王斌会 ')"代替,但使用 In 关键字时表达式简短且可读性更好。在 Where 子句中使用 In 关键字时,如果值列表有多个,需使用半角逗号将它们分隔,并且值列表中不允许出现 Null 值。

【任务 6-3-6】 使用 Like 创建模糊匹配查询。

【任务描述】

(1)从"图书信息"数据表中检索出作者姓"郑"的图书信息。

(2)从"图书信息"数据表中检索出作者不姓"陈"的图书信息。

(3)从"图书信息"数据表中检索出作者姓名只有 3 个汉字并且姓"王"的图书信息。

查询结果要求只需包含"商品编号""图书名称""作者"3个字段。

【任务实施】

1. 从"图书信息"数据表中检索出作者姓"郑"的图书信息

第1项任务对应的 SQL 查询语句如下：

```
Select 商品编号 , 图书名称 , 作者 From 图书信息 Where 作者 Like '郑%' ;
```

该查询语句的查询条件表示匹配"作者"字段第1个字是"郑"，长度为任意个字符。

2. 从"图书信息"数据表中检索出作者不姓"陈"的图书信息

第2项任务对应的 SQL 查询语句如下：

```
Select 商品编号 , 图书名称 , 作者 From 图书信息 Where 作者 Not Like '陈%' ;
```

该查询语句的查询条件表示匹配"作者"字段第1个字是"郑"，长度为任意个字符。

3. 从"图书信息"数据表中检索出作者姓名只有3个汉字并且姓"王"的图书信息

第3项任务对应的 SQL 查询语句如下：

```
Select 商品编号 , 图书名称 , 作者 From 图书信息 Where 作者 Like '王__' ;
```

作者姓名为3个汉字,所以使用3个"_"通配符,由于要求查询结果包含姓"王"的作者,所以第1个字符使用汉字"王",后面只需要两个"_"通配符即可。

【任务6-3-7】创建搜索空值的查询。

【任务描述】

从"图书信息"数据表中检索"版次"不为空的图书信息,查询结果只包含"商品编号""图书名称""版次"3个字段。

【任务实施】

在 Where 子句中使用 Is Null 可以查询数据表中为 Null 的值，使用 Is Not Null 可以查询数据表中不为 Null 的值。

查询对应的 SQL 语句如下：

```
Select 商品编号 , 图书名称 , 版次 From 图书信息 Where 版次 Is Not Null ;
```

【任务6-3-8】使用聚合函数进行查询。

聚合函数用于对一组数据值进行计算并返回单一值，所以也被称为组合函数。Select 子句中可以使用聚合函数进行计算，计算结果作为新列出现在查询结果集中。聚合运算的表达式可以包含字段名称、常量以及由运算符连接起来的函数。常用的聚合函数如表6-4所示。

表6-4 常用的聚合函数

函数名	功能	函数名	功能
Count(*)	统计数据表中的总记录数，包含字段值为空值的记录	Count(字段名称)	统计指定字段的记录数，忽略字段值为空值的记录
Avg(字段名称)	计算指定字段的平均值	Sum(字段名称)	计算指定字段值的总和
Max(字段名称)	计算指定字段的最大值	Min(字段名称)	计算指定字段的最小值

在使用聚合函数时，Count()、Sum()、Avg() 可以使用 Distinct 关键字，以保证计算时不包含重复的行。

【任务描述】

（1）从"图书信息"数据表中查询价格在 20 元至 45 元之间的图书种数。
（2）从"订购商品"数据表中查询购买不同商品的种类数量。
（3）从"图书信息"数据表中查询图书的最高价格、最低价格和平均价格。
（4）从"订购商品"数据表中查询图书的总购买数量。

【任务实施】

1. 从"图书信息"数据表中查询价格在 20 元至 45 元之间的图书种数

第 1 项任务对应的 SQL 语句如下：

```
Select Count(*) As 图书种数 From 图书信息 Where 价格 Between 20 And 45 ;
```

查询语句中使用 Count(*) 统计数据表中符合条件的记录数。
查询的运行结果如图 6-15 所示。

图书种数
6

图 6-15　从"图书信息"数据表中查询价格在 20 元至 45 元之间的图书种数

2. 从"订购商品"数据表中查询购买不同商品的种类数量

第 2 项任务对应的 SQL 语句如下：

```
Select Count(Distinct(商品编号)) As 商品种类 From 订购商品 ;
```

查询语句中使用函数 Count() 计算数据表特定字段中值的数量，还利用 Distinct 关键字控制计算结果不包含重复的行。
查询的运行结果如图 6-16 所示。

商品种类
14

图 6-16　从"订购商品"数据表中查询不同商品的数量

3. 从"图书信息"数据表中查询图书的最高价格、最低价格和平均价格

第 3 项任务对应的 SQL 语句如下：

```
Select Max(价格) As 最高价格 , Min(价格) As 最低价格 , Avg(价格) As 平均价格
From 图书信息 ;
```

查询语句中使用 Max() 函数计算最高价格，使用 Min() 函数计算最低价格，使用 Avg() 函数计算平均价格。
查询的运行结果如图 6-17 所示。

最高价格	最低价格	平均价格
79.00	29.80	47.809091

图 6-17　从"图书信息"数据表中查询图书的最高价格、最低价格和平均价格

4. 从"订购商品"数据表中查询图书的总购买数量

第 4 项任务对应的 SQL 语句如下：

```
Select Sum(购买数量) As 总购买数量 From 订购商品 ;
```

查询语句使用函数 Sum(购买数量) 计算总购买数量。
查询的运行结果如图 6-18 所示。

总购买数量
25

图 6-18　从"订购商品"数据表中查询图书的总购买数量

【任务 6-3-9】使用 And 创建多条件查询。

【任务描述】

从"图书信息"数据表中检索作者为"陈承欢"，并且出版日期在 2020 年之后的图书信

息，查询结果要求只需包含"商品编号""图书名称""作者""出版日期"4个字段。

【任务实施】

查询对应的 SQL 语句如下：

```
Select 商品编号 , 图书名称 , 作者 , 出版日期
    From 图书信息
    Where 作者 ='陈承欢' And Year(出版日期)>2020 ;
```

该查询语句必须两个简单查询条件同时成立才返回结果。

【任务 6-3-10】使用 Or 创建多条件查询。

【任务描述】

从"图书信息"数据表中检索作者为"陈承欢"或者出版日期在"2020-5-1"年之后的图书信息，查询结果要求只需包含"商品编号""图书名称""作者""出版日期"4个字段。

【任务实施】

查询对应的 SQL 语句如下：

```
Select 商品编号 , 图书名称 , 作者 , 出版日期
    From 图书信息
    Where 作者 ='陈承欢' Or 出版日期 >'2020-05-01' ;
```

该查询语句的两个简单查询条件有一个成立或者两个都成立均返回结果。

【任务 6-3-11】将查询结果保存到另一个数据表中。

【任务描述】

对"订购商品"数据表中从各个出版社购买图书的数量合计、金额合计进行统计，并将出版社名称、数量合计、金额合计和图书名称列表等数据存储到数据表"图书汇总信息"中。

【任务实施】

首先创建一个数据表"图书汇总信息"，对应的 SQL 语句如下：

```
Create Table 图书汇总信息 ( 出版社名称 varchar(16) , 数量合计 int ,
                金额合计 decimal(10,2) , 图书名称列表 varchar(100)) ;
```

然后向数据表"图书汇总信息"中插入查询语句的执行结果，对应的 SQL 语句如下：

```
Insert Into 图书汇总信息
    Select 出版社信息.出版社名称 ,
          Sum(订购商品.购买数量) ,
          Sum(订购商品.购买数量*订购商品.优惠价格-优惠金额) ,
          Group_Concat(图书信息.图书名称)
    From   订购商品 , 图书信息 , 出版社信息
    Where  订购商品.商品编号=图书信息.商品编号
          And 图书信息.出版社=出版社信息.出版社ID
    Group By 出版社信息.出版社名称 ;
```

这里使用 Insert Into 语句将数量合计、金额合计的结果和对应的图书名称列表插入数据表"图书汇总信息"中。由于"订购商品"数据表中只有购买数量、优惠价格而没有商品名称，"图书信息"数据表中只有出版社 ID 而没有出版社名称，所以需要使用多表连接统计从各个出版社购买图书的数量合计和金额合计。

【任务6-4】对查询结果进行排序

从数据表中查询数据，结果是按照数据被添加到数据表时的物理顺序显示的，在实际编程时，需要按照指定的字段进行排序显示，这就需要对查询结果进行排序。

使用 Order By 子句可以对查询结果集的相应列进行排序，排序方式分为升序和降序，Asc 关键字表示升序，Desc 关键字表示降序，默认情况下为 Asc，即按升序排列。Order By 子句可以同时对多个列进行排序，当有多个列时，每个列之间用半角逗号分隔，而且每个列后可以跟一个排序方式关键字。多列进行排序时，会先按第 1 列进行排序，然后按第 2 列对前面的排序结果中相同的值再进行排序。

其语法格式如下：

```
Order By 字段名称1 , 字段名称2 , … , 字段名称n [ Asc | Desc ]
```

【说明】使用 Order By 子句进行查询时，若字段值包含 Null 值，升序排列时含 Null 值的记录在最后显示，降序排列时含 Null 值的记录则在最前面显示。

【任务描述】

（1）从"图书信息"数据表中检索价格在 45 元（不包含 45 元）以上的图书信息，要求按价格的升序输出。

（2）从"图书信息"数据表中检索 2019 年 9 月 1 日以后出版的图书信息，要求按出版日期的降序输出。

（3）从"图书信息"数据表中检索所有的图书信息，要求按出版日期的升序输出，出版日期相同的按价格的降序输出。

查询结果只包含"商品编号""图书名称""作者""价格""出版日期"5 个字段。

【任务实施】

1. 从"图书信息"数据表中检索价格在 45 元（不包含 45 元）以上的图书信息

第 1 项任务对应的 SQL 查询语句如下：

```
Select 商品编号 , 图书名称 , 作者 , 价格 , 出版日期 From 图书信息
    Where 价格 >45 Order By 价格 ;
```

该 Order By 子句省略了排序关键字，表示按升序排列，也就是价格低的图书排在前面，价格高的图书排在后面。

2. 从"图书信息"数据表中检索 2019 年 9 月 1 日以后出版的图书信息

第 2 项任务对应的 SQL 查询语句如下：

```
Select 商品编号 , 图书名称 , 作者 , 价格 , 出版日期 From 图书信息
    Where 出版日期 > '2019-09-01' Order By 出版日期 Desc ;
```

该 Order By 子句中排序关键字为 Desc，也就是按出版日期的降序排列，即出版日期晚的排在前面，出版日期早的排在后面，例如"2021-05-01"排在"2021-02-01"之前。

3. 从"图书信息"数据表中检索所有的图书信息

第 3 项任务对应的 SQL 查询语句如下：

```
Select 商品编号 , 图书名称 , 作者 , 价格 , 出版日期 From 图书信息
     Order By 出版日期 Asc , 价格 Desc ;
```

该 Order By 子句中第 1 个排序关键字为 Asc，第 2 个排序关键字为 Desc，表示先按"出版日期"的升序排列，即出版日期早的排在前面，出版日期晚的排在后面，当出版日期相同时，价格高的排在前面，价格低的排在后。

【任务 6-5】分组进行数据查询

一般情况下，使用统计函数返回的是所有行数据的统计结果，如果需要按某一列数据进行分组，在分组的基础上再进行查询，就要使用 Group By 子句。如果要对分组或聚合指定查询条件，则可以使用 Having 子句，该子句用于限定对统计组的查询。一般与 Group By 子句一起使用，即对分组数据进行过滤。

其语法格式如下：

```
Group By 字段名称 [ Having < 条件表达式 > ] [ With Rollup ]
```

其中 Group By 后面的字段名称表示对字段值进行分组的字段，Having < 条件表达式 > 用于限制分组后的输出结果，只有满足条件表达式的结果才能显示。如果使用 With Rollup 关键字，将会在所有记录的最后加上一条记录，该记录输出数据表各条记录的总和。

Group By 关键字还可以和 Group_Concat() 函数一起使用，Group_Concat() 函数把每个分组中指定的字段值都显示出来。

【任务描述】

（1）在"图书信息"数据表中统计各个出版社已出版图书的平均定价和图书种数，并使用 With Rollup 关键字加上一条新的记录，用于显示全部记录的平均定和图书种数。

（2）在"图书信息"数据表中查询图书平均定价高于 30 元，并且图书种数在 5 种以上的出版社，查询结果按平均定价降序排列。

（3）在"图书信息"数据表中统计各个出版社已出版的图书的平均定价，并使用 Group_Concat() 函数将每个出版社所出版图书的价格显示出来。

【任务实施】

1. 统计各个出版社已出版图书的平均定价和图书种数

第 1 项任务对应的 SQL 查询语句如下：

```
Select 出版社 , Avg(价格)  As  平均定价 , Count(*)  As 图书种数
     From 图书信息
     Group By 出版社
     With Rollup ;
```

该查询语句先对图书按出版社进行分组，然后计算各组的平均定价和统计各组的图书种数。

2. 查询图书平均定价高于 30 元，并且图书种数在 5 种以上的出版社

第 2 项任务对应的 SQL 查询语句如下：

```
Select 出版社 , Avg(价格)  As  平均定价 , Count(*) As 图书种数
     From 图书信息
```

```
Group By 出版社
Having AVG( 价格 )>30  And  Count(*)>5
Order By 平均定价 Desc ;
```

从逻辑上来看，该查询语句的执行顺序如下：

第1步，执行"From 图书信息"，把"图书信息"数据表中的数据全部检索出来。

第2步，对上一步获取的数据按出版社进行分组，再计算每一组的平均定价和图书种数。

第3步，执行"Having Avg(价格)>30 And Count(*)>5"子句，对上一步的分组数据进行过滤，只有平均价格高于30元并且图书种数超过5的数据才能出现在最终的结果集中。

第4步，对上一步获得的结果进行降序排列。

第5步，按照 Select 子句指定的字段输出结果。

3. 统计各个出版社已出版的图书的平均定价

第3项任务对应的 SQL 查询语句如下：

```
Select  出版社 , Avg( 价格 )  As  平均定价 , Group_Concat( 价格 )
       From 图书信息
       Group By 出版社 ;
```

对应的查询结果如图 6-19 所示。

```
+-------+------------+-------------------------------------------------+
| 出版社 | 平均定价    | Group_Concat(价格)                               |
+-------+------------+-------------------------------------------------+
|     1 | 45.250000  | 47.10,35.50,39.30,79.00,59.80,41.70,29.80,29.80 |
|     2 | 34.700000  | 39.60,29.80                                     |
|     3 | 42.150000  | 48.80,35.50                                     |
|     4 | 82.900000  | 69.80,96.00                                     |
+-------+------------+-------------------------------------------------+
```

图6-19　第3项任务对应的查询结果

从图 6-19 所示的查询结果可以看出，结果分为 4 组，对应 4 个出版社，每个出版社所出版图书的价格都显示了出来，这说明 Group_Concat() 函数可以很好地把分组情况显示出来。

6.2　创建多表连接查询

前面主要介绍了在一个数据表中进行查询的方法，在实际查询中，例如查询图书的详细清单，包括图书名称、商品编号、出版社名称、类型名称、价格和出版日期等信息，就需要在 3 个数据表之间进行查询，这可以使用连接查询实现。因为"图书信息"数据表中只有"出版社 ID"和"类型编号"字段，不包括"出版社名称"和"类型名称"字段，"出版社名称"字段在"出版社信息"数据表中，"类型名称"字段在"商品类型"数据表中。

实现从两个或两个以上数据表中查询数据且结果集中出现的字段来自两个或两个以上的数据表的检索操作称为连接查询。连接查询实际上是通过各个数据表之间的共同字段的相关性来查询数据，首先要在这些数据表之间建立连接，然后再从数据表中查询数据。

连接的类型分为内连接、外连接和交叉连接，其中外连接包括左外连接、右外连接和全外连接两种。

连接查询的格式有如下两种：

格式一：

```
Select <输出字段或表达式列表>
```

```
From <数据表1> , <数据表2>
[Where <数据表1.列名> <连接操作符> <数据表2.列名>]
```

连接操作符可以是：=、<>、!=、>、<、<=、>=，当操作符是"="时表示等值连接。

格式二：

```
Select <输出字段或表达式列表>
From <数据表1> <连接类型> <数据表2> [ On (<连接条件>) ]
```

连接类型用于指定所执行的连接类型，内连接为 Inner Join，外连接为 Out Join，交叉连接为 Cross Join，左外连接为 Left Join，右外连接为 Right Join，全外连接为 Full Join。

在 <输出字段或表达式列表> 中使用多个数据表来源且有同名字段时，就必须明确指出字段所在的数据表。

交叉连接又称为笛卡儿积，返回的结果集的行数等于第 1 个数据表的行数乘以第 2 个数据表的行数。例如，"商品类型"数据表有 23 条记录，"图书信息"数据表有 100 条记录，那么交叉连接的结果集中有 2300（23×100）条记录。交叉连接使用 Cross Join 关键字来创建。交叉连接只用于测试一个数据库的执行效率，在实际应用中的使用机会较少。

【任务 6-6】创建基本连接查询

基本连接操作就是在 Select 语句的字段名称或表达式列表中引用多个数据表的字段，其 From 子句中用半角逗号","将多个数据表名称分隔开。进行基本连接操作时，一般使从表中的外键字段与主表中的主键字段保持一致，以保证数据的参照完整性。

【任务描述】

（1）在数据库 MallDB 中，从"图书信息"和"出版社信息"两个数据表中查询"人民邮电出版社"所出版图书的详细信息。要求查询结果中包含"商品编号""图书名称""出版社名称""出版日期"等字段。

（2）在数据库 MallDB 中，从"订购商品""图书信息""出版社信息"3 个数据表中查询购买数量超过 2 本的图书的详细信息。要求查询结果中包含"订单编号""商品编号""图书名称""出版社名称""购买数量"等字段。

【任务实施】

1. 两个数据表之间的连接查询

第 1 项任务对应的 SQL 查询语句如下：

```
Select 图书信息.商品编号 , 图书信息.图书名称 ,
       出版社信息.出版社名称 , 图书信息.出版日期
  From 图书信息 , 出版社信息
 Where 图书信息.出版社信息 = 出版社信息.出版社ID
   And 出版社信息.出版社名称 = '人民邮电出版社' ;
```

在上述的 Select 语句中，Select 子句列表中的每个字段名称前都指定了源表的名称，以确定每个字段的来源。在 From 子句中列出了两个源表的名称"图书信息"和"出版社信息"，并使用半角逗号","隔开。Where 子句中创建了一个等值连接。

为了简化 SQL 语句，增强程序的可读性，在上述 Select 语句中使用 As 关键字为数据表

指定别名，当然也可以省略 As 关键字。"图书信息"的别名为"b"，"出版社信息"的别名为"p"，使用别名的 SQL 语句如下所示：

```
Select  b.商品编号, b.图书名称, p.出版社名称, b.出版日期
From   图书信息 As b , 出版社信息 As p
Where  b.出版社信息 = p.出版社ID  And  p.出版社名称 = '人民邮电出版社';
```

其查询结果与前一条查询语句完全相同。

由于"图书信息"和"出版社信息"两个数据表没有同名字段，上述查询语句各个字段名称之前的表名省略也可以，不会产生歧义，查询结果也相同。省略表名的查询语句如下所示：

```
Select 商品编号 , 图书名称 , 出版社名称 , 出版日期
From   图书信息 , 出版社信息
Where  图书信息.出版社 = 出版社信息.出版社ID
       And 出版社名称 = '人民邮电出版社';
```

为了增强 SQL 语句的可读性，避免产生歧义，多表查询时最好保留字段名称前面的表名。

2. 多表连接查询

在多个数据表之间创建连接查询与在两个数据表之间创建连接查询相似，只是在 Where 子句中需要使用 And 关键字连接两个连接条件。

第 2 项任务对应的 SQL 查询语句如下：

```
Select  订购商品.订单编号, 订购商品.商品编号 , 图书信息.图书名称 ,
        出版社信息.出版社名称 , 订购商品.购买数量
From    订购商品 , 图书信息 , 出版社信息
Where   订购商品.商品编号 = 图书信息.商品编号
        And 图书信息.出版社 = 出版社信息.出版社ID  And 购买数量 >2 ;
```

在上述的 Select 语句中，From 子句中列出了 3 个源表，Where 子句中包含了两个等值连接条件和一个查询条件，当这两个连接条件都为 True 时，才返回结果。

如果只需查询"人民邮电出版社"所出版购买数量超过 2 本（不包含 2 本）的图书的信息，SQL 查询语句如下：

```
Select  订购商品.订单编号, 订购商品.商品编号 , 图书信息.图书名称 ,
        出版社信息.出版社名称 , 订购商品.购买数量
From    订购商品 , 图书信息 , 出版社信息
Where   订购商品.商品编号 = 图书信息.商品编号
        And 图书信息.出版社 = 出版社信息.出版社ID
        And 购买数量 >2
        And 出版社信息.出版社名称 = '人民邮电出版社';
```

Where 子句中包含了两个等值连接条件和两个查询条件。

【任务 6-7】创建内连接查询

内连接是组合两个数据表的常用方法。内连接使用比较运算符进行多个源表的数据比较，并返回这些源表中与连接条件相匹配的数据记录。一般使用 Join 或者 Inner Join 关键字实现内连接。执行连接查询后，要从查询结果中删除在其他数据表中没有匹配行的所有记录，所以使用内连接可能不会显示数据表的所有记录。

内连接可以分为等值连接、非等值连接和自然连接 3 种。在连接条件中使用的比较运算符为"="时，该连接操作称为等值连接。连接条件使用其他运算符（包括 <、>、<=、>=、

<>、!>、!<、Between 等）的内连接称为非等值连接。当等值连接中的连接字段相同，并且在 Select 语句中去除了重复字段时，该连接操作称为自然连接。

【任务描述】

（1）从"客户信息"和"订单信息"两个数据表中查询已购买了商品的客户信息，要求查询结果显示"客户姓名""订单编号""订单状态"3 列数据。

（2）从"图书信息"和"商品类型"两个数据表中查询 2020 年 1 月 1 日到 2021 年 10 月 1 日之间出版的价格在 30 元以上的类型为"图书"的商品信息，要求查询结果显示"图书名称""出版日期""价格""类型名称"4 列数据。

【任务实施】

1. 查询已购买了商品的客户信息

第 1 项任务对应的 SQL 查询语句如下：

```
Select 客户信息.客户姓名 , 订单信息.订单编号 , 订单信息.订单状态
From  客户信息  Inner Join  订单信息
On  客户信息.客户 ID = 订单信息.客户 ;
```

有关客户的数据存放在"客户信息"数据表中，有关订单的数据存放在"订单信息"数据表中，本查询语句涉及"客户信息"和"订单信息"两个数据表，这两个数据表之间通过共同的字段"客户 ID"连接，所以 From 子句为" From 客户信息 Inner Join 订单信息 On 客户信息.客户 ID = 订单信息.客户 "。由于查询的字段来自不同的数据表，在 Select 子句中需写明源表名。

2. 查询 2020 年 1 月 1 日到 2021 年 10 月 1 日之间出版的价格在 30 元以上的类型为 "图书"的商品信息

第 2 项任务对应的 SQL 查询语句如下：

```
Select 图书信息.图书名称，图书信息.出版日期，图书信息.价格，商品类型.类型名称
From   图书信息 Inner Join 商品类型
       On 图书信息.商品类型 = 商品类型.类型编号
       And 图书信息.出版日期 Between '2020-01-01' And '2021-10-01'
       And 图书信息.价格 >30
       And 商品类型.类型名称='图书' ;
```

由于"出版日期"数据存放在"图书信息"数据表中，"类型名称"数据存放在"商品类型"数据表中，故本查询语句涉及两个数据表，On 关键字后的连接条件使用了 Between 范围运算符和">"比较运算符。

【任务 6-8】使用 Union 语句创建多表联合查询

联合查询是指将多个不同的查询结果连接在一起组成一组新数据的查询方式。联合查询使用 Union 关键字连接各个 Select 子句，联合查询不同于对两个数据表中的字段进行连接查询，而是组合两个数据表中的记录。使用 Union 关键字进行联合查询时，应保证联合的数据表中具有相同数量的字段，并且对应的字段应具有相同的数据类型，或者可以自动将其转换为相同的数据类型。在自动转换数据类型时，对于数值类型，系统会将低精度的数据类型转

换为高精度的数据类型。

其语法格式如下：

```
Select 语句1
    Union ｜ Union All
Select 语句2
    Union ｜ Union All
Select 语句n ;
```

使用 Union 运算符将两个或多个 Select 语句的执行结果组合成一个结果集时，可以使用关键字"All"指定结果集中将包含所有记录而不删除重复的记录；如果省略 All，将从结果集中删除重复的记录。

使用 Union 联合查询时，结果集的字段名称与 Union 运算符中第 1 个 Select 语句的结果集中的字段名称相同，另一个 Select 语句的结果集的字段名称将被忽略。

【任务描述】

数据库 MallDB 的"订购商品"数据表中的数据主要包括"商品"和"图书"两大类，在 MallDB 数据库中已有"商品信息"数据表和"图书信息"数据表，其中两个数据表包括 4 个公共字段，分别为"商品编号""商品名称""商品类型""价格"。使用联合查询将两个数据表的数据合并（商品数据在前，图书数据在后），联合查询时会增加一个新列"商品分类"，其值分别为"非图书商品"和"图书"。

【任务实施】

对应的 SQL 查询语句如下：

```
Select 商品编号 , 商品名称 , 商品类型 As 商品类型编号 , 价格 ,
    '非图书商品' As 商品分类
From 商品信息
Union All
Select 商品编号 , 图书名称 , 商品类型 As 商品类型编号 , 价格 , '图书'
From 图书信息 ;
```

课后习题

1. 选择题

（1）在 Select 语句中使用（　　　）关键字可以将重复行去除。

    A. Order By　　　　B. Having　　　　C. Top　　　　　D. Distinct

（2）在 Select 语句中，可以使用（　　　）子句将结果集中的记录根据选择字段的值进行逻辑分组，以便汇总数据表内容的子集，即实现对每个组的聚集计算。

    A. Limit　　　　　B. Group By　　　　C. Where　　　　D. Order By

（3）下列关于语句"select * form user limit 5,10；"的描述，正确的是（　　　）。

    A. 获取第 6 条到第 10 条记录　　　B. 获取第 5 条到第 10 条记录

    C. 获取第 6 条到第 15 条记录　　　D. 获取第 5 条到第 15 条记录

（4）Select 查询语句中的 Where 子句用来指定（　　　）。

    A. 查询结果的分组条件　　　　B. 限定结果集的排序条件

C. 分组或聚合的搜索条件　　　　D. 限定返回记录的搜索条件

（5）使用（　　　）关键字可以将返回的结果集数据按照指定条件进行排列。

A. Group By　　　B. Having　　　C. Order By　　　D. Distinct

（6）MySQL 的 Select 语句中，可以使用（　　　）函数统计数据表中包含的记录行总数。

A. Count()　　　B. Sum()　　　C. Avg()　　　D. Max()

（7）如果想要对 MySQL 的 Select 语句查询结果进行分组显示，需要使用（　　　）关键字一起限定查询条件。

A. Group By 和 Having　　　　　B. Group By 和 Distinct

C. Order By 和 Having　　　　　D. Order By 和 Distinct

（8）判断一个查询语句是否能够查询出结果，使用的关键字是（　　　）。

A. In　　　B. Not　　　C. Exists　　　D. Is

2. 填空题

（1）SQL 查询子句的顺序为 Select、Into、From、Where、Group By、Having 和 Order By。其中_____子句和_____子句是必需的，其余的子句均可省略，而 Having 子句只能和_____子句搭配起来使用。

（2）SQL 查询语句的 Order By 子句用于将查询结果按指定的字段进行排序。排序方式包括升序和降序，其中 Asc 表示记录按_____序方式排列，Desc 表示记录按_____序方式排列，默认状态下，记录按_____序方式排列。

（3）SQL 查询语句的 Where 子句中，使用模糊匹配运算符_____或_____可以将表达式与字符串进行比较，从而实现模糊查询。

（4）SQL 查询语句的 Where 子句中可以使用范围运算符指定查询范围，当要查询的条件是某个值的范围时，可以使用_____或_____关键字。

（5）SQL 查询语句可以使用_____关键字指定查询结果从哪一条记录开始显示，以及一共显示多少条记录。

（6）在 Select 查询语句中使用_____关键字可以消除重复记录。

（7）在 Select 查询语句的 Where 子句中，使用字符匹配查询时，通配符_____可以表示任意多个字符。

（8）在 Select 查询语句中，为字段名称指定别名时，为了方便，可以将_____关键字省略掉。

（9）内连接是组合两个数据表的常用方法。内连接使用_____运算符进行多个源表数据的比较，并返回这些源表中与连接条件相匹配的数据记录。一般使用_____或者_____关键字实现内连接。

模块7
使用视图方式操作MySQL数据表

视图是数据库中常用的一种对象，它将查询结果以虚拟表的形式存储。视图的结构和内容是建立在对数据表的查询基础上的，与数据表一样，视图也包含多条记录和多个字段，这些记录的数据来源于所引用的数据表，并且是在引用过程中动态生成的。

 重要说明

（1）本模块的各项任务是在模块6的基础上进行的，模块6在数据库 MallDB 中保留了以下数据表：user、出版社信息、出版社信息2、商品信息、商品类型、图书信息、图书信息2、图书汇总信息、客户信息、客户信息2、用户信息、用户注册信息、用户类型、订单信息、订购商品。

（2）本模块在数据库 MallDB 中的数据表与模块6相同，没有变化。

（3）本模块在数据库 MallDB 中保留了以下视图：view_人邮社0701、view_人邮社0702。

（4）本模块所有任务完成后，参考模块9中介绍的备份方法将数据库 MallDB 进行备份，备份文件名为 "MallDB07.sql"，示例代码为 "mysqldump -u root -p --databases MallDB> D:\MySQLData\MyBackup\MallDB07.sql"。

操作准备

（1）打开 Windows 命令行窗口。

（2）如果数据库 MallDB 或者该数据库中的数据表被删除了，请参考模块9中介绍的还原备份的方法将模块6中创建的备份文件 "MallDB06.sql" 予以还原。

示例代码为 "mysql –u root –p MallDB < D:\MySQLData\MallDB06.sql"。

（3）登录 MySQL 服务器。

在命令行窗口中的命令提示符后输入命令 "mysql -u root -p"，按【Enter】键后，输入正确的密码，这里输入 "123456"。当窗口中的命令提示符变为 "mysql>" 时，表示已经成功登录 MySQL 服务器。

（4）选择创建表的数据库 MallDB。

在命令提示符"mysql>"后面输入选择数据库的语句：

```
Use MallDB ;
```

（5）启动 Navicat For MySQL，打开已有连接 MallConn，打开其中的数据库 MallDB。

（6）分别设置"图书信息""出版社信息""商品类型"等数据表的主键，主键字段分别为"图书编号""出版社 ID""类型编号"。

7.1 认识视图

7.1.1 视图的含义

视图是一种常用的数据库对象，可以把它看成从一个或几个源表导出的虚表或存储在数据库中的查询，对视图所引用的源表来说，视图的作用类似于筛选。定义视图的筛选可以来自当前或其他数据库的一个或多个表，或者其他视图。视图与数据表不同，数据库中只存放了视图的定义，即 SQL 语句，而不存放视图对应的数据，数据存放在源表中，当源表中的数据发生变化时，从视图中查询出的数据也会随之发生改变。对视图进行操作时，系统会根据视图的定义操作与视图相关联的数据表。

视图一经定义后，就可以像源表一样被查询、修改和删除。视图为查看和存取数据提供了另外一种途径，使用查询可以完成的大多数操作，使用视图一样可以完成。使用视图还可以简化数据操作。当通过视图修改数据时，相应源表的数据也会发生变化；同时，若源表的数据发生变化，则这种变化也可以自动地同步反映到视图中。

7.1.2 视图的优点

视图是在源表或者视图基础上重新定义的虚拟表，它可以从源表中选取用户所需的数据，那些对用户没有用或者用户没有权限了解的数据，都可以屏蔽掉。这样做既可以简化操作，又保证了数据的安全。

视图具有以下优点。

（1）简化操作。

视图大大简化了用户对数据的操作，如果一个查询非常复杂，涉及多个数据表，那么将这个复杂查询定义为视图后，在每一次执行相同的查询时，只要一条简单的查询视图语句即可。视图隐藏了表与表之间复杂的连接操作。

（2）提高数据安全性。

视图创建了一种可以控制的环境，为不同的用户定义不同的视图，使每个用户只能看到他有权看到的部分数据，那些没有必要的、敏感的或不适合的数据都被排除了，用户只能查询和修改视图中显示的数据。

（3）屏蔽数据库的复杂性。

用户不必了解数据库中复杂的表结构，视图将数据库设计的复杂性和用户的使用方式屏蔽了。数据库管理员可以在视图中将那些难以理解的字段名称替换成数据库用户容易理解和接受的名称，从而为用户使用提供极大的便利，并且数据库中表的更改也不会影响用户对数据库的使用。

（4）数据即时更新。

当视图所基于的数据表发生变化时，视图能够即时更新，以提供与数据表一致的数据。

（5）便于数据共享。

用户不必都定义和存储自己所需的数据，可共享数据库的数据，这样同样的数据只需存储一次。

7.2　创建视图

创建视图可以使用 Create View 语句，该语句完整的语法格式如下：

```
Create
    [ Or Replace ]
    [ <算法选项> ]
    [ <视图定义者> ]
    [ <安全性选项> ]
View <视图名> [ <视图的字段名称列表> ]
As  <Select 语句>
    [ 检查选项 ]
```

【说明】

（1）创建视图的关键字包括 Create、View、As。

（2）可选项"Or Replace"表示如果存在已有的同名视图，则覆盖同名视图，相当于对原有视图进行修改。

（3）可选项"算法选项"表示视图选择的算法，其语法格式为：Algorithm = { Undefined | Merge | Temptable }。

算法选项 Algorithm 有 3 个可选值——Undefined、Merge、Temptable。其中 Undefined 表示自动选择算法，Merge 一般为首选项，因为 Merge 效率更高，Temptable 不支持更新操作；Merge 表示将视图的定义和查询视图的语句合并处理，使得视图定义的某一部分取代语句的对应部分，Merge 算法要求视图中的行和源表中的行具有一对一的关系，如果不具有该关系，必须使用临时表；Temptable 表示将视图查询的结果保存到临时表中，而后在该临时表的基础上执行查询语句。

如果没有 Algorithm 子句，则默认算法为 Undefined。

（4）可选项"视图定义者"的语法格式为：Definer = { User | Current_User }。如果没有 Definer 子句，视图的默认定义者为 Current_User，即当前用户，当然创建视图时也可以指定不同的用户为视图定义者（或者叫视图所有人）。

（5）可选项"安全性选项"的语法格式为：Sql Security { Definer | Invoker }。该选项用于指定视图查询数据时的安全验证方式。其中 Definer 表示在创建视图时验证是否有权限访问视图所引用的数据，只要创建视图的用户有权限，那么创建就可以成功，而且所有有权限查询该视图的用户也能够成功执行查询语句（不管是否拥有该视图所引用对象的访问权限）；Invoker 用于在查询视图时，验证查询的用户是否拥有权限访问视图及视图所引用的对象，

当然创建时也会判断，如果创建的用户没有视图所引用对象的访问权限，那么创建都会失败。

（6）视图名必须唯一，不能出现重名的视图。视图的命名必须遵循 MySQL 中标识符的命名规则，不能与数据表同名，且对每个用户来说视图名必须是唯一的，即不同用户即使是定义相同的视图，也必须使用不同的名称。默认情况下，是在当前数据库中创建视图，如果想在给定数据库中创建视图，创建时，应将视图名称指定为 "< 数据库名 >.< 视图名 >,"。

（7）可选项 "视图的字段名称列表" 可以为视图的字段定义明确的名称，多个名称由半角逗号 "," 分隔，这里所列的字段名数目必须与后面的 Select 语句中检索的字段数相等。如果使用与源表或视图中相同的字段名，则可以省略该选项。

（8）用于创建视图的 Select 语句为必选项，可以在 Select 语句中查询多个数据表或视图。

（9）可选项 "检查选项" 的语法格式为：[With [Cascaded | Local] Check Option。该选项用于指出在可更新视图上所进行的修改都要符合 Select 语句所指定的限制条件，这样可以确保数据修改后，仍可通过视图查看修改的数据。当视图是根据另一个视图定义时，参数 Cascaded 表示更新视图时要满足所有相关视图和数据表的条件，参数 Local 表示更新视图时满足该视图本身定义的条件即可。如果没有指定任何参数，默认为 Cascaded。

视图在数据库中是作为一个对象来存储的。用户创建视图前，要保证自己已被数据库所有者授权可以使用 Create View 语句，并且有权操作视图所涉及的数据表或其他视图。

7.3　查看视图的相关信息

1. 使用 Describe 语句查看视图的结构定义

如果只需要了解视图的各个字段的简单信息，可以使用 Describe 语句，其语法格式与查询数据表一样。通常情况下，可以使用缩写 Desc 代替 Describe。

语法格式如下：

```
Describe  <视图名称> ;
```

2. 使用 Show Table Status 语句查看视图的基本信息

MySQL 中，可以使用 Show Table Status 语句查看视图的基本信息，其语法格式如下：

```
Show Table Status Like <视图名称>
```

该语句执行结果中列 "Comment" 的值为 "VIEW"，表示视图，其他列为 NULL（说明这是一个虚表）。

3. 使用 Show Create View 语句查看视图的定义信息

MySQL 中，可以使用 Show Create View 语句查看视图的定义信息，其语法格式如下：

```
Show Create View  <视图名称> ;
```

【任务 7-1】使用 Create View 语句创建单源表视图

【任务描述】

创建一个名称为 "view_人邮社 0701" 的视图，该视图包括 "人民邮电出版社" 出版的所有价格大于 40 元的图书的信息，视图中包括数据表"图书信息"中的商品编号、图书名称、出版社、商品类型等数据，已知"人民邮电出版社"的字段"出版社 ID"的值为 1。

【任务实施】

1. 创建视图

创建视图对应的 SQL 语句如下：

```
Create  Or  Replace
    View  view_人邮社0701
    As
        Select 商品编号 , 图书名称 , 出版社 , 商品类型  From  图书信息
        Where  出版社=1 ;
```

2. 使用 Select 语句查看视图中的记录数据

查看视图中的记录数据的语句如下：

```
Select * From view_人邮社0701 ;
```

查看视图中的记录数据的部分结果如图 7-1 所示。

```
+----------+---------------------------+--------+----------+
| 商品编号 | 图书名称                  | 出版社 | 商品类型 |
+----------+---------------------------+--------+----------+
| 12631631 | HTML5+CSS3网页设计与制作实战 |    1 | t1301    |
| 12303883 | MySQL数据库技术与项目应用教程 |    1 | t1301    |
| 12634931 | Python数据分析基础教程      |    1 | t1301    |
| 12528944 | PPT设计从入门到精通         |    1 | t1301    |
| 12563157 | 给Python点颜色 青少年学编程  |    1 | t1301    |
| 12728744 | 财经应用文写作             |    1 | t1301    |
| 33026249 | 大数据分析与挖掘           |    1 | t1301    |
| 12462164 | Python程序设计基础教程      |    1 | t1301    |
+----------+---------------------------+--------+----------+
```

图7-1 查看视图的记录数据的部分结果

3. 使用 Desc 语句查看视图的结构定义

查看视图结构定义的语句如下：

```
Desc view_人邮社0701 ;
```

查看视图结构定义的结果如图 7-2 所示。

```
+----------+--------------+------+-----+---------+-------+
| Field    | Type         | Null | Key | Default | Extra |
+----------+--------------+------+-----+---------+-------+
| 商品编号 | varchar(12)  | NO   |     | NULL    |       |
| 图书名称 | varchar(100) | NO   |     | NULL    |       |
| 出版社   | int          | NO   |     | NULL    |       |
| 商品类型 | varchar(9)   | NO   |     | NULL    |       |
+----------+--------------+------+-----+---------+-------+
```

图7-2 查看视图"view_人邮社0701"结构定义的结果

图 7-2 所示的视图结构定义显示了视图的字段名称、数据类型、是否为空、是否为主 / 外键、默认值和其他信息。

4. 使用 Show Table Status 语句查看视图的基本信息

查看视图基本信息的语句如下：

```
Show Table Status Like 'view_人邮社0701' ;
```

5. 使用 Show Create View 语句查看视图的定义信息

查看视图定义信息的语句如下：

```
Show Create View view_人邮社0701 ;
```

按【Enter】键查看执行结果，该语句的执行结果中，对应的 Create View 语句如下所示：

```
Create
    Algorithm=Undefined
    Definer='Root'@'Localhost'
    Sql Security Definer
View 'View_人邮社0701'
As  Select  '图书信息'.'商品编号' As '商品编号',
       '图书信息'.'图书名称' As '图书名称',
       '图书信息'.'价格' As '价格',
       '图书信息'.'出版社' As '出版社',
       '图书信息'.'商品类型' As '商品类型'
    From '图书信息'
    Where (('图书信息'.'出版社' = 1) And ('图书信息'.'价格' > 40))
```

【任务 7-2】使用 Navicat for MySQL 创建多源表视图

多源表视图指的是视图的数据来源有两个或多个数据表，这种视图在实际应用中使用得更多。

【任务描述】

创建一个名称为"view_人邮社0702"的视图，该视图包括"人民邮电出版社"出版的所有图书的信息，视图中包括数据表"图书信息"中的商品编号、图书名称、数据表"出版社信息"中的出版社名称、数据表"商品类型"中的类型名称等数据。

【任务实施】

1. 打开数据库

启动图形管理工具 Navicat for MySQL，打开连接 MallConn，打开数据库 MallDB。

2. 显示视图对象

单击【Navicat for MySQL】窗口工具栏中的【视图】按钮，显示视图对象，如图 7-3 所示。

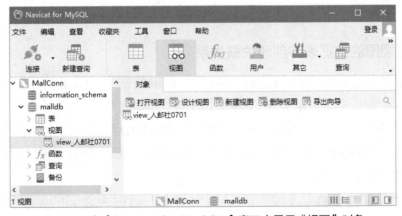

图7-3 在【Navicat for MySQL】窗口中显示"视图"对象

3. 显示出【定义】、【高级】和【SQL 预览】选项卡

单击【新建视图】按钮，显示出【定义】、【高级】和【SQL 预览】选项卡，如图 7-4 所示。

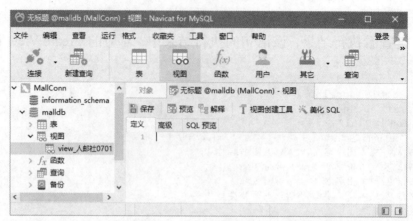

图7-4　在【Navicat for MySQL】窗口中创建视图

在视图工具栏中单击【视图创建工具】按钮，打开【视图创建工具】窗口，左侧为数据库 MallDB 的数据表列表，中部提供了查询语句的生成模板，右侧为生成的 SQL 语句，如图 7-5 所示。

图7-5　【查询创建工具】窗口

4．选择创建视图的数据表并创建关联关系

在【视图创建工具】窗口左侧的数据表列表中双击数据表"图书信息""出版社信息""商品类型"，右上方会弹出"图书信息""出版社信息""商品类型"数据表的可选字段。

在"出版社信息"字段列表中单击字段名"出版社 ID"，按住鼠标左键将其拖动到"图书信息"数据表的"出版社"字段位置，释放鼠标左键，即可创建"出版社信息"与"图书信息"数据表之间的关联关系。

以同样的方法，创建"商品类型"与"图书信息"数据表之间的关联关系。

5．从已选的数据表中选择所需的字段

这里分别从"图书信息"字段列表中选择"商品编号"和"图书名称"，从"出版社信息"字段列表中选择"出版社名称"，从"商品类型"字段列表中选择"类型名称"，SQL 语句区

域会自动生成对应的 SQL 语句，如图 7-6 所示。

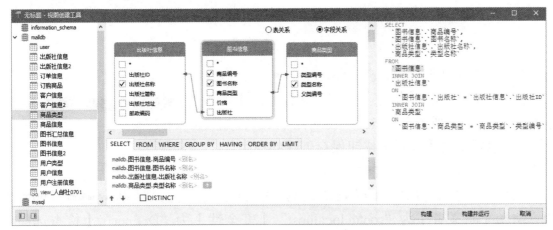

图7-6 在【视图创建工具】窗口中选择所需的字段

6. 设置查询条件

在【视图创建工具】窗口中切换到【WHERE】选项卡，单击【+】按钮，出现"< 值 >=< 值 >"条件输入标识，单击"="左侧的"< 值 >"，在弹出的对话框中切换到【标识符】选项卡，然后在 3 个数据表的字段列表中选择字段"出版社名称"，如图 7-7 所示。

单击"="右侧的"< 值 >"，在【自定义】选项卡中输入"'人民邮电出版社'"，如图 7-8 所示。

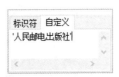

图7-7 在字段列表中选择所需的字段"出版社名称"　　图7-8 在【自定义】选项卡中输入"'人民邮电出版社'"

在【视图创建工具】窗口中单击【构建】按钮，关闭该窗口返回 Navicat for MySQL 的"视图"定义区域。

设置好字段、数据表及关联条件、Where 条件的查询语句如下所示：

```
Select
    `图书信息`.`商品编号`,
    `图书信息`.`图书名称`,
    `出版社信息`.`出版社名称`,
    `商品类型`.`类型名称`
From
    `图书信息`
    Inner Join
    `出版社信息`
    On
```

```
                '图书信息'.'出版社' = '出版社信息'.'出版社 ID'
        Inner Join
                '商品类型'
        On
                '图书信息'.'商品类型' = '商品类型'.'类型编号'
        Where
                '出版社信息'.'出版社名称' = '人民邮电出版社'
```

在视图工具栏中单击【保存】按钮，在弹出的【视图名】对话框中输入视图名"view_人邮社0702"，如图7-9所示，然后单击【确定】按钮保存创建的视图。

图7-9 【视图名】对话框

切换到【高级】选项卡，查看高级选项设置，如图7-10所示。【算法】为 UNDEFINED（MySQL 自动选择的算法），【定义者】为"root@localhost"，【安全性】为"Definer"，【检查选项】暂未设置。

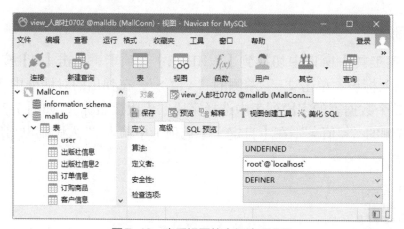

图7-10 查看视图的高级选项设置

在视图工具栏中单击【预览】按钮，切换到【定义】选项卡中查看视图对应的 Select 语句和执行结果，如图7-11所示。

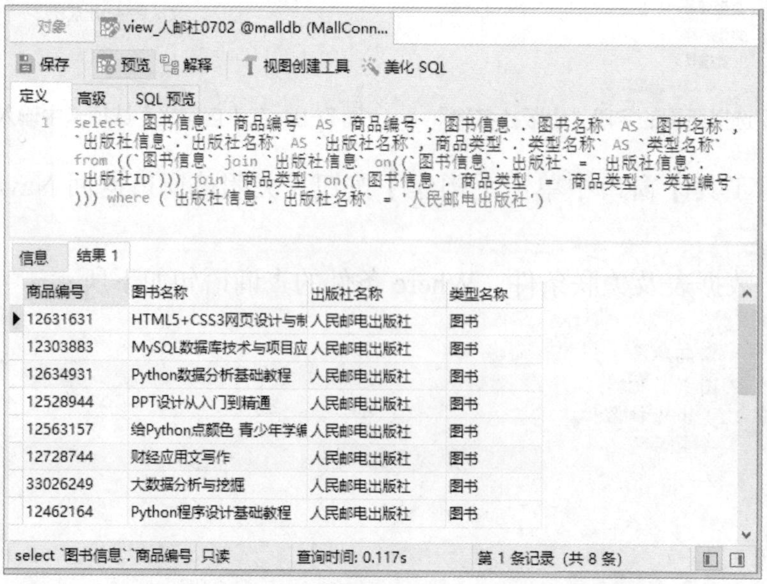

图7-11 查看视图对应的Select语句和执行结果

【任务 7-3】修改视图

当视图不符合使用需求时，可以使用 Alter View 语句对其进行修改，视图的修改方法与创建方法相似，其语法格式如下：

```
Alter
    [ <算法选项> ]
    [ <视图定义者> ]
    [ <安全性选项> ]
View <视图名>
As  <Select 语句>
    [ 检查选项 ]
```

Alter View 语句的语法与 Create View 语句类似，相关参数的作用和含义详见前面介绍的 Create View 语句。

【任务描述】

（1）修改视图"view_人邮社 0701"，使该视图包括"人民邮电出版社"出版的价格高于 40 元的所有图书信息，视图中包括数据表"图书信息"中的商品编号、图书名称、价格、出版社、商品类型等数据。

（2）修改视图"view_人邮社 0702"，使该视图包括"人民邮电出版社"出版的价格高于 40 元的所有图书信息，视图中包括数据表"图书信息"中的商品编号、图书名称、数据表"出版社信息"中的出版社名称、数据表"商品类型"中的类型名称等数据。

【任务实施】

1. 修改视图"view_人邮社 0701"

使用 Alter View 语句修改视图"view_人邮社 0701"的语句如下：

```
Alter
    Algorithm=Undefined
    Definer=root@localhost
    Sql Security Definer
View View_人邮社 0701 As
    Select
        图书信息.商品编号 , 图书信息.图书名称 , 图书信息.价格 ,
        图书信息.出版社    , 图书信息.商品类型
        From 图书信息
        Where  (图书信息.出版社 = 1)  And  图书信息.价格 > 40 ;
```

查看视图的记录数据的语句如下：

```
Select * From view_人邮社 0701 ;
```

查看视图的记录数据的结果如图 7-12 所示。

```
+----------+---------------------------+-------+--------+----------+
| 商品编号  | 图书名称                   | 价格  | 出版社 | 商品类型  |
+----------+---------------------------+-------+--------+----------+
| 12631631 | HTML5+CSS3网页设计与制作实战 | 47.10 |   1    | t1301    |
| 12528944 | PPT设计从入门到精通          | 79.00 |   1    | t1301    |
| 12563157 | 给Python点颜色 青少年学编程   | 59.80 |   1    | t1301    |
| 12728744 | 财经应用文写作               | 41.70 |   1    | t1301    |
+----------+---------------------------+-------+--------+----------+
```

图 7-12　视图"view_人邮社 0701"修改后的结果

2. 修改视图"view_人邮社0702"

使用 Alter View 语句修改视图"view_人邮社0702"的语句如下:

```
Alter
    Algorithm=Undefined
    Definer=root@localhost
    Sql Security Definer
View View_人邮社0702 As
    Select
        图书信息.商品编号 , 图书信息.图书名称 , 图书信息.价格,
        出版社信息.出版社名称 , 商品类型.类型名称
    From 图书信息
    Inner Join 出版社信息
        On    图书信息.出版社 = 出版社信息.出版社ID
    Inner Join 商品类型
        On    图书信息.商品类型 = 商品类型.类型编号
    Where 出版社信息.出版社名称 = '人民邮电出版社' And    图书信息.价格 > 40 ;
```

查看视图的记录数据的语句如下:

```
Select * From view_人邮社0702 ;
```

查看视图的记录数据的结果如图 7-13 所示。

```
+----------+---------------------------+--------+------------------+------------+
| 商品编号  | 图书名称                   | 价格   | 出版社名称        | 类型名称    |
+----------+---------------------------+--------+------------------+------------+
| 12631631 | HTML5+CSS3网页设计与制作实战  | 47.10  | 人民邮电出版社     | 图书       |
| 12528944 | PPT设计从入门到精通          | 79.00  | 人民邮电出版社     | 图书       |
| 12563157 | 给Python点颜色 青少年学编程   | 59.80  | 人民邮电出版社     | 图书       |
| 12728744 | 财经应用文写作              | 41.70  | 人民邮电出版社     | 图书       |
+----------+---------------------------+--------+------------------+------------+
```

图7-13 视图"view_人邮社0702"修改后的结果

【任务7-4】利用视图查询与更新数据表中的数据

更新视图是指通过视图来插入(Insert)、更新(Update)和删除(Delete)数据表中的数据。视图是一个虚拟表,其中没有数据,通过视图更新数据表时,都是转换到源表来更新的。更新视图时,用户只能更新自己权限范围内的可以更新的数据,超出了权限范围,则无法更新。

【任务描述】

(1)创建一个名称为"view_用户注册0703"的视图,该视图包括所有的用户注册信息。

(2)利用视图"view_用户注册0703"查询"权限等级"为"C"的用户注册信息。

(3)利用视图"view_用户注册0703"新增一个注册用户,用户ID为"7",用户编号为"u00007",用户名称为"测试用户",密码为"todayBetter",权限等级为"A",手机号码为"18074198678",用户类型为"2"。

(4)使用视图"view_用户注册0703"修改前一步新注册的用户,将其权限等级修改为"C",用户类型修改为"1"。

(5)使用视图"view_用户注册0703"删除前面新注册的用户"测试用户"。

【任务实施】

1. 创建视图

创建视图"view_用户注册0703"对应的语句如下：

```
Create  Or Replace
  View  view_用户注册0703
  As
  Select 用户ID，用户编号，用户名称，密码，权限等级，手机号码，用户类型
  From 用户注册信息；
```

2. 使用视图查询数据

利用视图查询指定权限等级的用户对应的语句如下：

```
Select * From view_用户注册0703 Where 权限等级='C'；
```

3. 使用视图向数据表中插入记录

通过视图插入记录与在基本数据表中插入记录的操作相同，都是通过Insert语句实现。插入记录对应的语句如下：

```
Insert Into view_用户注册0703 Values(7，'u00007'，'测试用户'，'todayBetter'，'A'，'18074198678'，2)；
```

【说明】如果视图所依赖的源表有多个，则不能向该视图插入数据。

4. 使用视图修改数据表中的数据

与修改基本数据表一样，可以使用Update语句修改视图中的数据。修改数据对应的语句如下：

```
Update view_用户注册0703  Set 权限等级="C"，用户类型=1
Where  用户编号="u00007"；
```

【说明】如果一个视图依赖多个源表，则每次修改该视图只能修动一个源表的数据。

5. 使用视图删除数据表中的数据

使用Delete语句在视图中删除数据的同时，源表中的数据也会同步被删除。对应的语句如下：

```
Delete From view_用户注册0703 Where  用户编号="u00007"；
```

【说明】对于依赖多个源表的视图，不能使用Delete语句一次性删除多个源表中的数据。

【任务7-5】删除视图

删除视图是指删除数据库中已存在的视图，删除视图时，只能删除视图的定义，不会删除源表的数据。在MySQL中，使用Drop View语句删除视图时，用户必须拥有Drop权限。

删除视图的语法格式如下：

```
Drop View [ if exists ] <视图名列表> [ Restrict | Cascade ]；
```

使用Drop View语句一次可以删除多个视图，各个视图名使用半角逗号","分隔。如果使用"if exists"选项，即使视图不存在也不会出现错误提示信息。

【任务描述】

删除【任务 7-4】中创建的视图 "view_ 用户注册 0703"。

【任务实施】

删除视图 "view_ 用户注册 0703" 的语句如下：

```
Drop View view_用户注册0703 ;
```

课后习题

1. 选择题

（1）MySQL 中，不可对视图执行的操作有（　　）。

  A. Select   B. Insert

  C. Delete   D. Create indes

（2）MySQL 中，视图是从（　　）导出的虚表。

  A. 一个基本数据表   B. 多个基本数据表

  C. 一个或多个基本数据表 D. 以上都不对

（3）MySQL 中，当（　　）时，可以通过视图向基本表插入记录。

  A. 视图所依赖的基本数据表有多个

  B. 视图所依赖的基本数据表只有一个

  C. 视图所依赖的基本数据表只有两个

  D. 视图所依赖的的基本数据表最多有两个

（4）以下关于视图的描述错误的是（　　）。

  A. 视图中的数据全部来源于数据库中存在的数据表

  B. 使用视图可以方便查询数据

  C. 视图通常被称为"虚表"

  D. 通过视图不能向基本表插入记录

（5）下面关于操作视图的描述正确的是（　　）。

  A. 不能向视图中插入数据

  B. 可以向任意视图中插入数据

  C. 只能向由一个基本表构成的视图中插入数据

  D. 可以向由两个基本表构成的视图中插入数据

（6）以下关于删除视图 "view_ 用户表" 的语句中，正确的是（　　）。

  A. Renew View If Exists view_ 用户表

  B. Drop View If Exists view_ 用户表

  C. Drop View If Not Exists view_ 用户表

  D. Alter View If Exists view_ 用户表

2. 填空题

（1）MySQL 中，创建视图的关键字是＿＿＿＿＿＿。

（2）查询视图中的数据与查询数据表中的数据一样，都是使用＿＿＿＿＿＿语句。

（3）视图与数据表不同，数据库中只存放了视图的＿＿＿＿＿＿，即＿＿＿＿＿＿，而不存放视图对应的数据，数据存放在＿＿＿＿＿＿中。

（4）使用视图还可以简化数据操作，当通过视图修改数据时，相应的＿＿＿＿＿＿的数据也会发生变化；同时，若源表的数据发生变化，则这种变化也可以自动地同步反映到＿＿＿＿＿＿中。

（5）MySQL 中，使用＿＿＿＿＿＿语句查看视图的结构定义，使用＿＿＿＿＿＿语句查看视图的基本信息。

（6）MySQL 中，可以使用＿＿＿＿＿＿语句查看视图的定义信息。

模块8

使用程序方式获取与处理 MySQL表数据

08

　　MySQL提供了Begin…End、If…Then…Else、Case、While、Repeat、Loop等多个特殊控制语句，这些控制语句用于控制SQL语句、语句块、存储过程以及用户自定义函数的执行顺序。如果不使用控制语句，则各个SQL语句按其出现的先后顺序依次执行。

　　存储过程（Stored Procedure）是一个用于完成特定操作的SQL语句集，通过存储过程可以将经常使用的SQL语句封装起来，这样可以避免重复编写相同的SQL语句，使用存储过程可以大大增强SQL的功能和灵活性，可以完成复杂的判断和运算，能够提高数据库的访问速度。为了满足用户在特殊情况下的需要，MySQL允许用户自定义函数，补充和扩展系统支持的内置函数，用户自定义函数可以实现模块化程序设计，并且其执行速度更快。为了方便用户对结果集中单独的数据行进行访问，MySQL提供了一种特殊的访问机制：游标。为了保证数据的完整性和强制使用业务规则，MySQL除了提供约束，还提供了另外一种机制：触发器（Trigger）。使用事务可以将一组相关的数据操作捆绑成一个整体，以便一起执行或一起取消。

🔍 重要说明

　　（1）本模块的各项任务是在模块7的基础上进行的，模块7在数据库MallDB中保留了以下数据表:user、出版社信息、出版社信息2、商品信息、商品类型、图书信息、图书信息2、图书汇总信息、客户信息、客户信息2、用户信息、用户注册信息、用户类型、订单信息、订购商品、客户信息。模块7已创建了以下视图：view_人邮社0701、view_人邮社0702。

　　（2）本模块在数据库MallDB中保留了以下数据表：user、出版社信息、出版社信息2、商品信息、商品库存、商品类型、图书信息、图书信息2、图书汇总信息、客户信息、客户信息2、用户信息、用户注册信息、用户类型、订单信息、订购商品。

　　（3）本模块所有任务完成后，参考模块9中介绍的备份方法将数据库MallDB进行备份，备份文件名为"MallDB08.sql"，示例代码为"mysqldump -u root -p --databases MallDB> D:\MySQLData\MyBackup\MallDB08.sql"。

操作准备

（1）打开 Windows 命令行窗口。

（2）如果数据库 MallDB 或者该数据库中的数据表被删除了，请参考模块 9 中介绍的还原备份的方法将模块 7 中创建的备份文件"MallDB07.sql"予以还原。

示例代码为"mysql –u root –p MallDB < D:\MySQLData\MallDB07.sql"。

（3）登录 MySQL 服务器。

在命令行窗口中的命令提示符后输入命令"mysql -u root -p"，按【Enter】键后，输入正确的密码，这里输入"123456"。当窗口中的命令提示符变为"mysql>"时，表示已经成功登录 MySQL 服务器。

（4）选择创建表的数据库 MallDB。

在命令提示符"mysql>"后面输入选择数据库的语句：

```
Use MallDB ;
```

（5）启动 Navicat For MySQL，打开已有连接 MallConn，打开其中的数据库 MallDB。

8.1　执行多条语句获取 MySQL 表数据

MySQL 语句可以包含常量、变量、运算符、表达式、函数、流程控制语句和注释等语言元素，每条 SQL 语句都以分号结束，并且 SQL 处理器会忽略空格、制表符和回车符等。

8.1.1　MySQL 中的常量

常量是指在 SQL 语句或程序运行过程中，其值不会改变的量。

1. 数值常量

SQL 中，数值常量包括整数和小数，并且不需要使用引号，例如 3.14、5、–56.7 等。正数可以不使用正号"+"表示，例如 3.5，也可以添加正号"+"表示，例如 +3.5。负数责必须添加负号"–"表示，例如 –6.7。数值常量的各位之间不要添加逗号，例如 123456 这个数字不能表示为：123,456。

2. 字符串常量

SQL 中，字符串常量必须使用半角单引号（' '）或半角双引号（""）引起来，可以包括大小写字母、数字以及 !、@、# 等特殊字符。

3. 日期和时间常量

SQL 中，日期和时间常量必须使用半角单引号（' '）或半角双引号（""）引起来，例如 "2020-10-25 11:13:08"。日期按照年 - 月 - 日的顺序来表示，中间的分隔符"–"也可以使用"/"。日期和时间常量的值必须符合日期和时间的标准，例如一月份没有 32 号、二月份没有 30 号等。

4．布尔常量

MySQL 中，布尔常量包含两个可能值，分别为 True 和 False。其中 True 表示逻辑真，通常表示一个表达式或条件成立，对应数字值"1"；False 表示逻辑假，通常表示一个表达式或条件不成立，对应数字值"0"。

5．Null

Null 值通常用来表示值不确定、无数据等情况，并且不同于数字类型的"0"或字符串类型的空字符串。

8.1.2 MySQL 中的变量

变量是指在程序运行过程中其值可以改变的量，变量可以保存查询结果，也可以在查询语句中使用变量，还可以将变量中的值插入数据表中。MySQL 中变量的使用非常灵活方便，但要注意变量名称不能与 MySQL 中的命令或已有的函数名称相同。

1．用户变量

用户可以在表达式中使用自己定义的变量，这样的变量称为用户变量。用户可以先在用户变量中保存值，然后在之后的语句中引用该值，这样可以将值从一条语句传递到另一条语句。用户变量在整个会话期有效。

用户变量在使用前必须定义和初始化，如果使用没有初始化的变量，其值为 Null。用户变量与当前连接有关，也就是说，一个客户端定义的变量不能被其他客户端使用。当客户端退出时，该客户端连接的所有变量将被自动释放。

定义和初始化一个用户变量可以使用 Set 语句，其语法格式如下：

```
Set  @<变量名称1>=<表达式1> [ , @<变量名称2>=<表达式2> , … ] ;
```

定义和初始化用户变量的规则如下。

（1）用户变量以"@"开头，形式为"@变量名称"，以便将用户变量和字段名进行区别。变量名称必须符合 MySQL 标识符的命名规则，即变量可以由当前字符集的字符、数字、"."、"_"和"$"组成。如果变量名称中需要包含一些特殊字符（例如空格、# 等），可以使用半角双引号或半角单引号将整个变量名称引起来。

（2）<表达式>的值是要给变量赋的值，可以是常量、变量或表达式。

（3）用户变量的数据类型是根据其被赋予的值的数据类型自动定义的，例如：

```
Set  @name="admin" ;
```

此时变量 name 的数据类型也为字符串类型，如果重新给变量 name 赋值，例如：

```
Set  @name=2 ;
```

此时变量 name 的数据类型为整型，即变量 name 的数据类型随被赋的值而改变。

（4）定义用户变量时变量的值可以是一个表达式，例如

```
Set  @name=@name +3 ;
```

（5）一条定义语句中，可以同时定义多个变量，变量之间使用半角逗号分隔，例如：

```
Set  @name , @number , @sex ;
```

（6）对于 Set 语句，可以使用"="或":="作为赋值符，给每个用户变量赋值，被赋值的类型可以为整型、小数、字符串或 Null 值。

可以用其他 SQL 语句代替 Set 语句为用户变量赋值，在这种情况下，赋值符必须为":="，而不能使用"="，因为在非 Set 语句中"="被视为比较运算符。

（7）可以使用查询结果给用户变量赋值，例如：

```
Set @name=(Select 用户名称 From 用户注册信息 Where 用户编号='u00003' ) ;
```

（8）在一个用户变量被定义后，它可以以一种特殊形式的表达式用于其他 SQL 语句中，变量名称前面也必须加上符号 @。

例如，使用 Select 语句查询前面所定义的变量 name 的值：

```
Select @name ;
```

该语句的执行结果如图 8-1 所示。

```
+-------+
| @name |
+-------+
| 肖娟  |
+-------+
```

图8-1　语句"Select @name ;"的执行结果

例如，从"用户注册信息"数据表中查询用户名称为用户变量 name 中所存储值的用户注册信息，语句如下：

```
Select * From 用户注册信息 Where 用户名称 =@name ;
```

该语句的执行结果如图 8-2 所示。

```
+--------+--------+--------+------+--------+-------------+--------+
| 用户ID | 用户编号 | 用户名称 | 密码 | 权限等级 | 手机号码     | 用户类型 |
+--------+--------+--------+------+--------+-------------+--------+
|      3 | u00003 | 肖娟   | 888  | B      | 13907336688 |      1 |
+--------+--------+--------+------+--------+-------------+--------+
```

图8-2　语句"Select * From 用户注册信息 Where 用户名称=@name ;"的执行结果

在 Select 语句中，表达式的值要发送到客户端后才能进行计算，这说明在 Having、Group By 或 Order By 子句中不能使用包含用户变量的表达式。

2. 系统变量

MySQL 有一些特定的设置，当 MySQL 数据库服务器启动的时候，这些设置被读取来决定下一步骤，这些设置就是系统变量，系统变量在 MySQL 服务器启动时就被引入并初始化为默认值。

系统变量一般都以"@@"为前缀，例如 @@Version 返回 MySQL 的版本。但某些特定的系统变量可以省略"@@"符号，例如 Current_Date（系统日期）、Current_Time（系统时间）、Current_Timestamp（系统日期和时间）和 Current_User（当前用户名）。

查看这些系统变量的值的语句如下：

```
Select @@Version , Current_Date , Current_Time , Current_Timestamp , Current_User ;
```

该语句的执行如果如图 8-3 所示。

```
+-----------+--------------+--------------+---------------------+----------------+
| @@Version | Current_Date | Current_Time | Current_Timestamp   | Current_User   |
+-----------+--------------+--------------+---------------------+----------------+
| 8.0.21    | 2020-10-24   | 16:40:09     | 2020-10-24 16:40:09 | root@localhost |
+-----------+--------------+--------------+---------------------+----------------+
```

图8-3　查看多个系统变量值的语句的执行结果

在 MySQL 中，有些系统变量的值是不可改变的，例如 Version 和系统日期。而有些系统变量可以使用 Set 语句来修改。

更改系统变量值的语法格式如下：

```
Set  <系统变量名称>=<表达式>
    | [ Global | Session ]  <系统变量名称>=<表达式>
    | @@[ Global.|Session.]<系统变量名称>=<表达式>  ;
```

系统变量可以分为全局系统变量和会话系统变量两种类型。为系统变量设定新值的语句中，使用 Global 或 "@@global." 关键字的是全局系统变量，使用 Session 和 "@@session." 关键字的是会话系统变量。Session 和 "@@session." 的含义与 Local 和 "@@local." 相同。如果在使用系统变量时不指定关键字，则默认为会话系统变量。只有具有 super 权限才可以设置全局变量。

显示所有系统变量的语句为：Show Variables ;。

显示所有全局系统变量的语句为：Show Global Variables ;。

显示所有会话系统变量的语句为：Show Session Variables ;。

要显示与样式匹配的变量名称或名称列表，需使用 Like 子句和通配符 "%"，例如：Show Variables Like 'character%' ;。

（1）全局系统变量。

当 MySQL 启动的时候，全局系统变量就被初始化了，并且应用于每个启动的会话。全局系统变量对所有客户端有效，其值能应用于当前连接，也能应用于其他连接，直到服务器重新启动为止。

（2）会话系统变量。

会话系统变量只对当前连接的客户端有效，只适用于当前会话。会话系统变量的值是可以改变的，但是其新值仅适用于正在运行的会话，不适用于其他会话。

例如，对于当前会话，把系统变量 SQL_Select_Limit 的值设置为 10。该变量决定了 Select 语句的结果集中返回的最大行数。对应的语句如下：

```
Set @@Session.SQL_Select_Limit=10 ;
Select @@Session.SQL_Select_Limit ;
```

语句的执行结果如图 8-4 所示。

这里在系统变量的名称前面使用了关键字 Session（Local 与 Session 可以通用），明确地表示会话系统变量 SQL_Select_Limit 和 Set 语句指定的值保持一致，但是同名的全局系统变量的值仍

```
+---------------------------+
| @@Session.SQL_Select_Limit |
+---------------------------+
|                        10 |
+---------------------------+
```

图8-4　显示会话系统变量的值

然不变。同样，如果改变了全局系统变量的值，同名的会话系统变量的值也保持不变。

MySQL 中大多数系统变量都有默认值，当数据库服务器启动时，就使用这些默认值。如果要将一个系统变量的值设置为 MySQL 的默认值，可以使用 Default 关键字。

例如，将系统变量 SQL_Select_Limit 的值恢复为 MySQL 的默认值的语句如下：

```
Set @@Session.SQL_Select_Limit=Default ;
```

3. 局部变量

局部变量是可以保存单个特定类型数据值的变量，其有效作用范围为存储过程和自定义函数的 Begin…End 语句块之内，在 Begin…End 语句块运行结束之后，局部变量就消失了，在其他语句块中不可以使用该局部变量，但 Begin…End 语句块内所有语句都可以使用。

MySQL 中局部变量必须先定义后使用。使用 Declare 语句声明局部变量，定义局部变量的语法格式如下：

```
Declare  <变量名称>  <数据类型>  [ Default <默认值> ] ;
```

Default 子句给变量指定一个默认值，如果不指定则默认为 Null。

局部变量名称必须符合 MySQL 标识符的命名规则，在局部变量前面不使用 @ 符号。该定义语句无法单独执行，只能在存储过程和自定义函数中使用。

例如：Declare name varchar(30) ;。

可以使用一个语句同时声明多个变量，变量之间使用半角逗号分隔，如下所示：

```
Declare name varchar(20) , number int , sex char(1);
```

可以使用 Set 语句为局部变量赋值，Set 语句也是 SQL 本身的一部分，其语法格式如下：

```
Set  <局部变量名称1>=<表达式1> , <局部变量名称2>=<表达式2> , … ;
```

例如：Set name=' 安翔 ' , number=2 , sex=' 男 ';。

【注意】局部变量在赋值之前必须使用 Declare 关键字予以声明。

也可以使用 Select…Into 语句将获取的字段值赋给局部变量，并且返回的结果只能有一条记录值，其语法格式如下：

```
Select <字段名> [ , …]  Into <局部变量名称> [ , …] [From 子句] [Where 子句] ;
```

例如：Select Sum(应付金额) Into number From 订单信息 ;。

使用 Select 语句给变量赋值时，如果省略了 From 子句和 Where 子句，就等同于用 Set 语句赋值。如果有 From 子句和 Where 子句，并且 Select 语句返回多个值，则只将返回的最后一个值赋给局部变量。

8.1.3 MySQL 中的运算符与表达式

1. 运算符

运算符是一种符号，用来指定要在一个或多个表达式中执行的操作，MySQL 中运算符主要有如下类型。

（1）算术运算符。

算术运算符用于对两个表达式执行数学运算，这两个表达式可以是任何数值类型。

MySQL 中的算术运算符有：+（加）、-（减）、*（乘）、/（除）、%（取模）。

"+" 运算符用于获得一个或多个值的和，"-" 运算符用于从一个值中减去另一个值。"+" 和 "-" 运算符还可用于对日期时间值进行算术运算，例如计算年龄。"*" 运算符用于获得两个或多个值的乘积。"/" 运算符用于获得一个值除以另一个值的商，并且除数不能为零。"%" 运算符用来获得一个或多个除法运算的余数，并且除数不能为零。

进行算术运算时，用字符串表示的数字会自动转换为数值类型，当执行转换时，如果字符串的前几个字符或全部字符是数字，那么它被转换为对应数字的值，否则，被转换为零。

（2）赋值运算符。

等号（=）是 MySQL 中的赋值运算符，可以用于将表达式的值赋给一个变量。

（3）比较运算符（又称为关系运算符）。

比较运算符用于对两个表达式进行比较，可以用于比较数字和字符串，数字作为浮点值进行比较，字符串以不区分大小写的方式进行比较（除非使用特殊的 Binary 关键字），例如将大写字母 'A' 和小写字母 'a' 比较，其结果为相等。

比较的结果为 1（True）或 0（False），即表达式成立结果为 1，表达式不成立则结果为 0。

MySQL 中的比较运算符有：=（等于）、>（大于）、<（小于）、>=（大于等于）、<=（小于等于）、<>（不等于）、!=（不等于）、<=>（相等或都等于空，可以用来判断 Null 值）。

（4）逻辑运算符。

逻辑运算符用于对某些条件进行测试，以获得其真假情况。逻辑运算符和比较运算符一样，运行结果是 1（True）或 0（False）。

MySQL 中的逻辑运算符有：And 或者 &&（如果两个表达式都为 True，并且不是 Null，则结果为 True，否则结果为 False）、Or 或者 ||（如果两个表达式中的任何一个为 True，并且不是 Null，则结果为 True，否则结果为 False）、Not 或 !（对任何其他运算符的结果取反，True 变为 False，False 变为 True）、Xor（如果表达式一个为 True，而另一个为 False 并且不是 Null，则结果为 True，否则结果为 False）。

（5）一元运算符。

一元运算符只对一个表达式执行操作，该表达式可以是数值类型中的任何一种数据类型。MySQL 中的一元运算符有：+（正）、-（负）和 ~（位取反）。

除了以上运算符，MySQL 还提供了其他一些运算符，例如 All、Any、Some、Between、In、Is Null、Is Not Null、Like、Regexp 等运算符，这些运算符已介绍过，这里不赘述。

2. 表达式

表达式是常量、变量、字段值、运算符和函数的组合，MySQL 可以对表达式求值以获取结果，一个表达式通常可以得到一个值。与常量和变量一样，表达式的值也具有某种数据类型，可能的数据类型有字符类型、数值类型、日期时间类型等。这样，根据表达式值的类型，表达式可分为字符表达式、数值表达式和日期时间表达式。

3. 运算符的优先级

当一个复杂的表达式有多个运算符时，运算符优先级决定执行运算的先后次序。执行的次序有时会影响所得到的运算结果。MySQL 运算符优先级如表 8-1 所示，在一个表达式中按先高（优先级数字小的）后低（优先级数字大的）的顺序进行运算。

表8-1　　MySQL运算符的优先级

优先级	运算符	优先级	运算符
1（最高）	!	7	Between、Case、While、Then、Else
2	+（正）、-（负）	8	Not
3	*、/、%	9	And、&&
4	+（加）、-（减）	10	Or、||
5	<<、>>	11（最低）	=（赋值运算）、:=
6	=（比较运算）、<>、!=、<、<=、>、>=、<=>、Is、Like、In	—	—

当一个表达式中的两个运算符有相同的优先级时，根据它们在表达式中的位置，一般而言，一元运算符按从右到左（即右结合性）的顺序运算，二元运算符按从左到右（即左结合性）的顺序运算。

表达式中可以使用括号改变运算符的优先级，先对括号内的表达式求值，然后再对括号外的运算符进行运算。如果表达式中有嵌套的括号，则先对嵌套最深的表达式求值，然后再对外层括号中的表达式求值。

8.1.4　MySQL 中的控制语句

1. Begin…End 语句

Begin…End 语句用于将多个 SQL 语句组合为一个语句块（语句块相当于一个单一语句），以达到一起执行的目的。

Begin…End 语句的语法格式如下：

```
Begin
    <语句 1> ;
    <语句 2> ;
    …
    <语句 n> ;
End
```

MySQL 中允许嵌套使用 Begin…End 语句。

2. If…Then…Else 语句

If…Then…Else 语句用于进行条件判断，可用于实现程序的选择结构。根据是否满足条件，将执行不同的语句，其语法格式如下：

```
If  <条件表达式1>  Then  <语句块1>
[ Elseif  <条件表达式2>  Then  <语句块2> ]
[ Else  <语句块3> ]
End If ;
```

其中，语句块可以是单条语句或多条 SQL 语句。

If 语句的执行过程为：如果条件表达式的值为 True，则执行对应的语句块；如果所有的条件表达式的值为 False，并且有 Else 子句，则执行 Else 子句对应的语句块。在 If…Then…Else 语句中允许嵌套使用 If…Else 语句。

3. Case 语句

Case 语句用于计算列表并返回多个可能结果表达式中的一个，可用于实现程序的多分支结构，虽然使用 If…Then…Else 语句也能够实现多分支结构，但是使用 Case 语句的程序可读性更强，一条 Case 语句经常可以充当一条 If…Then…Else 语句。

MySQL 中，Case 语句有以下两种形式。

（1）简单 Case 语句。

简单 Case 语句用于将某个表达式与一组简单表达式进行比较以确定其返回值，其语法格式如下：

```
Case  <条件表达式 >
```

```
     When  <表达式1>  Then  <SQL语句1>
     When  <表达式2>  Then  <SQL语句2>
     …
     When  <表达式n>  Then  <SQL语句n>
     [ Else  <其他SQL语句> ]
End  Case ;
```

简单 Case 语句的执行过程是将"条件表达式"与各个 When 子句后面的"表达式"进行比较,如果相等,则执行对应的 SQL 语句,然后跳出 Case 语句,不再执行后面的 When 子句;如果 When 子句中没有与"条件表达式"相等的"表达式",如果指定了 Else 子句,则执行 Else 子句后面的"其他 SQL 语句"。如果没有指定 Else 子句,则不执行 Case 语句内的任何一条 SQL 语句。

（2）搜索 Case 语句。

搜索 Case 语句用于计算一组逻辑表达式以确定返回结果,其语法格式如下:

```
Case
     When  <逻辑表达式1>  Then  <SQL语句1>
     When  <逻辑表达式2>  Then  <SQL语句2>
     …
     When  <逻辑表达式n>  Then  <SQL语句n>
     [ Else  <其他SQL语句> ]
End Case ;
```

搜索 Case 语句的执行过程是先计算第 1 个 When 子句后面的"逻辑表达式 1"的值,如果值为 True,则执行对应的"SQL 语句 1";如果为 False,则按顺序计算 When 子句后面的逻辑表达式的值,且执行计算结果为 True 的第 1 个逻辑表达式对应的 SQL 语句。在所有的逻辑表达式的值都为 False 的情况下,如果指定了 Else 子句,则执行 Else 子句后面的"其他 SQL 语句"。如果没有指定 Else 子句,则不执行 Case 语句内的任何一条 SQL 语句。

4. While 循环语句

While 循环语句用于实现循环结构,是有条件控制的循环语句,当满足某种条件时执行循环体内的语句。

While 语句的语法格式如下:

```
[ 开始标注:]
While  <逻辑表达式>  Do
    <语句块>
End While [ 结束标注 ] ;
```

While 循环语句的执行过程说明如下。

首先判断逻辑表达式的值是否为 True,为 True 时则执行"语句块"中的语句,然后再次进行判断,为 True 则继续循环,为 False 则结束循环。"开始标注:"和"结束标注"是 While 语句的标注,除非"开始标注:"存在,否则"结束标注"不能出现,并且如果两者都出现,它们的名称必须是相同的。"开始标注:"和"结束标注"通常都可以省略。

5. Repeat 循环语句

Repeat 循环语句是有条件控制的循环语句,当满足特定条件时,就会跳出循环语句。

Repeat 语句的语法格式如下:

```
[ 开始标注 : ]
Repeat  <语句块>
Until   <逻辑表达式>
End Repeat [ 结束标注 ] ;
```

Repeat 循环语句的执行过程说明如下。

首先执行语句块中的语句，然后判断逻辑表达式的值是否为 True，为 True 则停止循环，为 False 则继续循环。Repeat 语句也可以被标注。Repeat 语句与 While 语句的区别在于：Repeat 语句先执行语句，后进行条件判断；而 While 语句先进行条件判断，条件为 True 才执行语句。

6. Loop 循环语句

Loop 循环语句可以使某些语句重复执行，以实现一些简单的循环。但是 Loop 语句本身没有停止循环的机制，必须遇到 Leave 语句才能停止循环。

Loop 语句的语法格式如下：

```
[ 开始标注 : ]
Loop  <语句块>
End Loop [ 结束标注 ] ;
```

Loop 语句允许某特定语句或语句块重复执行，以实现一些简单的循环结构。在循环体内的语句一直重复执行直到循环被强迫终止，终止时通常使用 Leave 语句。

8.1.5 MySQL 中的注释符

MySQL 注释符有以下 3 种。

（1）#< 注释文本 >。

（2）-- < 注释文本 >（注意 -- 后面有一个空格 ）。

（3）/*< 注释文本 >*/。

【注意】

以 "/*!" 开头、"*/" 结尾的语句为可执行的 MySQL 注释，这些语句可以被 MySQL 执行，但在其他数据库管理系统中将被当作注释忽略，这样可以提高数据的可移植性。

【任务 8-1】在命令行窗口中定义用户变量并执行多条 SQL 语句

【任务描述】

在命令行窗口中编辑与执行多条 SQL 语句，实现以下功能。

（1）为用户变量 name 赋值 "人民邮电出版社"。

（2）从数据表 "出版社" 中查询 "人民邮电出版社" 的 "出版社 ID" 字段的值，并且将该值存储在用户变量 id 中。

（3）从数据表 "图书信息" 中查询 "人民邮电出版社" 的图书种类数量，并且将其存储在用户变量 num 中。

（4）显示用户变量 name、id 和 num 的值。

【任务实施】

在命令提示符后输入以下语句：

```
Use MallDB ;
Set  @name="人民邮电出版社" ;                        --  给变量 name 赋值
Set  @id=( Select 出版社ID From 出版社信息
        Where 出版社名称 = "人民邮电出版社" ) ;     --  给变量 id 赋值
Set  @num=( Select Count(*) From 图书信息 Where 出版社 =@id ) ;
Select @name , @id , @num ;
```

语句的执行结果如图 8-5 所示。

```
+-----------------------+------+------+
| @name                 | @id  | @num |
+-----------------------+------+------+
| 人民邮电出版社        |    1 |    8 |
+-----------------------+------+------+
```

图8-5　语句的执行结果

8.2　使用存储过程和游标获取与处理 MySQL 表数据

MySQL 中，存储过程是一组为了完成特定操作的而编写的由一系列 SQL 语句组成的程序，经过编译后保存在数据库中，存储过程比普通 SQL 语句的执行效率更高，且可以多次重复调用。存储过程还可以接收输入、输出参数，并可以返回一个或多个查询结果集和返回值，以便满足各种不同需求。

8.2.1　MySQL 的存储过程

1. 存储过程的概念

存储过程（Stored Procedure）是一个用于完成特定操作的 SQL 语句集合，通过存储过程可以将经常使用的 SQL 语句封装起来，这样可以避免重复编写相同的 SQL 语句。存储过程可以由声明式 SQL 语句（如 Create、Update、Select 等）和过程式 SQL 语句（如 If…Then…Else 语句等）组成；另外，存储过程一般是经过编译后存储在数据库中的，所以执行存储过程要比执行存储过程中封装的 SQL 语句效率更高。存储过程还可以接收输入、输出参数等，可以返回单个或多个结果集。存储过程可以由程序、触发器或者另一个存储过程调用，从而被激活，执行封装的 SQL 语句。

在 MySQL 中使用存储过程主要有以下优点。

（1）执行速度快：存储过程比普通 SQL 语句的功能更强大，而且能够实现功能性编程。当存储过程执行成功后会被存储在数据库服务器中，并允许客户端直接调用，而且存储过程可以提高 SQL 语句的执行效率。

（2）可以封装复杂的操作：存储过程中允许包含一条或多条 SQL 语句，利用这些 SQL 语句实现一个或者多个逻辑功能。对调用者来说，存储过程封装了 SQL 语句，调用者无须考虑逻辑功能的具体实现过程，只是调用即可。

（3）有很强的灵活性：存储过程可以用流程控制语句编写，可以完成较复杂的判断和运算。

（4）可使数据独立：程序可以调用存储过程来代替执行多条 SQL 语句。这种情况下，存储过程把数据同用户隔离开来，其优点是当数据表的结构改变时，调用者不用修改程序，只需要重新编写存储过程即可。

（5）提高安全性：存储过程可作为一种安全机制被充分利用，系统管理员通过限制存储过程的访问权限，从而实现相应数据的访问权限限制，避免了非授权用户对数据的访问，保证了数据的安全。

（6）提高性能：复杂的功能往往需要多条 SQL 语句才能实现，同时客户端需要多次连接并发送 SQL 语句到服务器才能实现该功能。如果利用存储过程，则可以将这些 SQL 语句放入存储过程中，当存储过程被成功编译后，就存储在数据库服务器中，以后客户端可以直接调用，这样所有的 SQL 语句将在服务器中执行。

（7）存储过程能减少网络流量。针对同一个数据库对象的操作，如果这一操作所涉及的 SQL 语句被组织成存储过程，那么当在客户机上调用该存储过程时，网络中传送的只是该调用语句，这大大降低了网络负载。

2. Delimiter 命令

Delimiter 命令用于更改 MySQL 语句的结束符，例如将默认结束符"；"更改为"$$"，避免与 SQL 语句的默认结束符冲突。其语法格式如下：

```
Delimiter  <自定义的结束符>
```

例如：Delimiter $$。

用户自定义的结束符可以是一些特殊的符号，例如"$$"、"##"、"//"等，但应避免使用反斜杠"\"字符，因为"\"是 MySQL 的转义字符。

恢复使用 MySQL 的默认结束符"；"的命令如下：

```
Delimiter ;
```

3. 创建存储过程

创建存储过程的语法格式如下：

```
Create Procedure  <存储过程名>( [ <参数列表> ] )
   [ <存储过程的特征设置> ]
     <存储过程体>
```

【说明】

（1）存储过程名应符合 MySQL 的命名规则，尽量避免使用与 MySQL 内置函数相同的名称，否则会产生错误。通常存储过程默认在当前数据库中创建，如果需要在特定的数据库中创建，则要在存储过程名前面加上数据库的名称，其格式为:< 数据库名 >.< 存储过程名 >。

（2）存储过程可以不使用参数，也可以带一个或多个参数。当存储过程无参数时，存储过程名称后面的括号不可省略。如果有多个参数，各个参数之间使用半角逗号分隔。参数的定义格式如下：

```
[ In | Out | InOut ]  <参数名>  <参数类型>
```

MySQL 的存储过程支持 3 种类型的参数：输入参数、输出参数和输入 / 输出参数，关键字分别为 In、Out、InOut，默认的参数类型为 In。输入参数使数据可以传递给存储过程；

使用输出参数，可以把存储过程内部的数据传递给调用者；输入 / 输出参数既可以充当输入参数也可以充当输出参数，既可以把数据传入存储过程中，也可以把存储过程中的数据传递给调用者。存储过程的参数名不要使用数据表中的字段名，否则 SQL 语句会将参数看作字段，从而造成不可预知的结果。

（3）存储过程的特征设置的格式如下：

```
Language SQL
| [ Not ] Deterministic
| { Contains SQL | No SQL | Reads SQL Data | Modifies SQL Data }
| SQL Security { Definer | Invoker }
| Comment <注释信息内容>
```

各参数的含义说明如下。

① Language SQL：表明编写该存储过程的语言为 SQL，目前，MySQL 存储过程还不能使用其他编程语言来编写，该选项可以不指定。

② Deterministic：每次执行存储过程时结果是确定的，使存储过程对同样的输入参数产生相同的结果。

③ Not Deterministic：为默认设置，每次执行存储过程时结果是不确定的，对同样的输入参数可能会产生不同的结果。

④ Contains SQL：表示存储过程包含 SQL 语句，但不包含读或写数据的语句。如果没有明确指定存储过程的特征，默认为 Contains SQL，即存储过程不包含读或写数据的语句。

⑤ No SQL：表示存储过程不包含 SQL 语句。

⑥ Reads SQL Data：表示存储过程包含读数据的语句，但不包含写数据的语句。

⑦ Modifies SQL Data：表示存储过程包含写数据的语句。

⑧ SQL Security：用来指定谁有权限来执行存储过程，Definer 表示只有该存储过程的定义者才能执行，Invoker 表示拥有权限的调用者可以执行。默认情况下，系统指定为 Definer。

⑨ Comment <注释信息内容>：注释信息，可以用来描述存储过程。

（4）存储过程体是存储过程的主体部分，其包含了可执行的 SQL 语句，这些语句总是以 Begin 开始，以 End 结束。当然，当存储过程中只有一条 SQL 语句时可以省略 Begin…End 语句。

存储过程体中可以使用所有类型的 SQL 语句，包括 DLL、DCL 和 DML 语句。当然，过程式语句也是允许的，也包括变量的定义和赋值语句。

4．查看存储过程

查看存储过程状态的语法格式如下：

```
Show Procedure Status [ Like <存储过程名的模式字符> ] ;
```

例如：Show Procedure Status Like "proc%" ;。

其中，% 为通配字符，"proc%" 表示所有名称以 proc 开头的存储过程。

查看存储过程定义的语法格式如下：

```
Show Create Procedure <存储过程名> ;
```

例如：Show Create Procedure proc0501 ;。

　　MySQL 中存储过程的信息存储在 information_schema 数据库下的 Routines 表中，可以通过查询该数据表的记录来查询存储过程的信息，例如从 Routines 表中查询 proc0501 存储过程的信息的语句如下：

```
Select * From information_schema.Routines Where Routine_name="proc0501" ;
```

　　其中，Routine_name 字段中存储的是存储过程的名称，由于 Routines 数据表也存储了函数的信息，如果存储过程和自定义函数名称相同，则需要同时指定 Routine_Type 字段以表明查询的是存储过程（值为 Procedure）还是函数（值为 Function）。

5. 调用存储过程

存储过程创建完成后，可以在程序、触发器或者其他存储过程中被调用，其语法格式如下：

```
Call <存储过程名>( [ <参数列表> ] ) ;
```

　　如果需要调用某个特定数据库的存储过程，则需要在存储过程名前面加上该数据库的名称。如果定义存储过程时使用了参数，调用该存储过程时，也要使用参数，并且参数个数和顺序应与创建存储过程时相同。

6. 修改存储过程

可以使用 Alter Procedure 语句修改存储过程的某些特征，其语法格式如下：

```
Alter Procedure <存储过程名> [ <存储过程的特征设置> ] ;
```

　　存储过程的特征设置与创建存储过程类似，这里不赘述。修改存储过程时，MySQL 会覆盖以前定义的存储过程。

　　例如，修改存储过程 proc0501 的定义，将其读写权限修改为 Modifies SQL Data，并指定拥有权限的调用者可以执行，语句如下：

```
Alter Procedure proc0501 Modifies SQL Data SQL Security Invoker ;
```

　　【说明】Alter Procedure 语句主要用于修改存储过程的某些特征，不能直接修改存储过程的名称。如果要修改存储过程的内容，可以先删除原存储过程，再以相同的名称创建新的存储过程。如果要修改存储过程的名称，可以间接修改，即先删除原存储过程，再以不同的名称创建新的存储过程。

7. 删除存储过程

在命令行窗口中删除存储过程的语法格式如下：

```
Drop Procedure [ if exists ] <存储过程名> ;
```

　　其中，if exist 子句可以防止存储过程不存在时出现警告信息。

　　【注意】在删除存储过程之前，必须确认该存储过程没有任何依赖关系，否则会导致其他与之关联的存储过程无法执行。

8.2.2　MySQL 的游标

　　为了方便用户对结果集中单条记录进行访问，MySQL 提供了一种特殊的访问机制：游标。游标主要包括游标结果集和游标位置两部分。其中游标结果集是指由定义游标的 Select 语句所返回的记录集合，游标相当于指向这个结果集中某一行的指针。

查询语句可能查询出多条记录，在存储过程和函数中使用游标来逐条读取查询结果集中的记录。游标的使用包括声明游标、打开游标、读取游标和关闭游标。游标一定要在存储过程或函数中使用，不能单独在查询中使用。

1. 声明游标

MySQL 中，声明游标的语法格式如下：

```
Declare  <游标名>  Cursor  For  <Select 语句>
```

游标名称必须符合 MySQL 标识符的命名规则，Select 语句返回一行或多行记录数据，但不能使用 Into 子句。该语句声明了一个游标，也可以在存储过程中定义多个游标，但是一个语句块中的每个游标都有自己唯一的名称。

2. 打开游标

声明游标后，要从中提取数据，就必须先打开游标。在 MySQL 中，使用 Open 语句打开游标，其语法格式如下：

```
Open  <游标名> ;
```

在程序中，一个游标可以打开多次，由于其他用户或程序本身已经更新了数据表，所以每次打开的结果可能不同。

3. 读取游标

游标打开后，可以使用 Fetch…Into 语句从中读取数据，其语法格式如下：

```
Fetch <游标名> Into <变量名称1> [, <变量名称2> , …] ;
```

Fetch 语句将游标指向的一行记录的一个或多个数据赋给一个变量或多个变量，子句中变量的数目必须等于声明游标时 Select 子句中字段的数目。变量名称必须在声明游标之前就定义完成。

4. 关闭游标

游标使用完以后，要及时关闭，其语法格式如下：

```
Close <游标名> ;
```

【任务 8-2】在命令行中创建存储过程查看指定出版社出版的图书种类

【任务描述】

在命令行窗口中创建存储过程 proc0501，其功能是从"图书信息"数据表中查看人民邮电出版社出版的图书种类。

【任务实施】

1. 在命令行窗口中创建存储过程 proc0501

成功登录 MySQL 服务器后，在命令行提示符后输入以下语句：

```
Delimiter $$
Use MallDB ;
Create Procedure proc0501()
```

```
Begin
    Declare name varchar(16) ;
    Declare id int ;
    Declare num int ;
    Set  name=" 人民邮电出版社 " ;              --  给变量 name 赋值
    Set id=(Select 出版社 ID  From  出版社信息 Where 出版社名称 = name) ;
    Select Count(*)  Into num From 图书信息 Where 出版社 =id ;
    Select name , id , num ;
End $$
Delimiter ;
```

存储过程创建成功后，会显示如下所示的提示信息：

```
Query OK, 0 rows affected (0.00 sec)
```

2. 在命令行窗口中查看存储过程

在命令提示符后输入以下语句查看存储过程 proc0501：

```
Show Procedure Status Like "proc0501" ;
```

运行结果中的前 7 列如图 8-6 所示。

```
+--------+----------+-----------+----------------+---------------------+---------------------+---------------+
| Db     | Name     | Type      | Definer        | Modified            | Created             | Security_type |
+--------+----------+-----------+----------------+---------------------+---------------------+---------------+
| malldb | proc0501 | PROCEDURE | root@localhost | 2020-10-24 16:50:00 | 2020-10-24 16:50:00 | DEFINER       |
+--------+----------+-----------+----------------+---------------------+---------------------+---------------+
```

图8-6　查看存储过程proc0501的结果的前7列

3. 在命令行窗口中调用存储过程 proc0501

在命令提示符后输入以下语句调用存储过程 proc0501：

```
Call proc0501 ;
```

调用存储过程 proc0501 的结果如图 8-7 所示。

```
+-----------------------+------+------+
| name                  | id   | num  |
+-----------------------+------+------+
| 人民邮电出版社        |    1 |    8 |
+-----------------------+------+------+
```

图8-7　调用存储过程proc0501的结果

【任务 8-3】在 Navicat for MySQL 中创建有输入参数的存储过程

【任务描述】

在 Navicat for MySQL 中创建包含输入参数的存储过程 proc0503，其功能是根据输入参数 strName 的值（存储 "出版社名称"）从 "图书信息" 数据表中查看对应出版社出版的图书种类。

【任务实施】

1. 查看数据库 MallDB 中已有的存储过程

启动 Navicat for MySQL，在窗口左侧双击打开连接 MallConn，再双击打开数据库 MallDB，然后在工具栏中单击【函数】按钮，此时可以看到数据库 MallDB 中已有的存储过程，如图 8-8 所示。

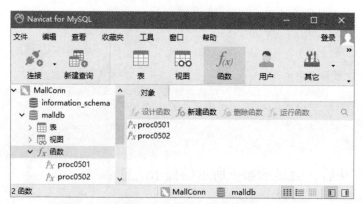

图8-8　查看数据库MallDB中已有的存储过程

2. 新建存储过程

在【对象】区域的工具栏中单击【新建函数】按钮，启动"函数导向"，打开【函数向导】窗口的第一个界面"请选择你要创建的例程类型"，在【名】输入框中输入存储过程名称"proc0503"，再选择【过程】单选按钮，如图 8-9 所示。

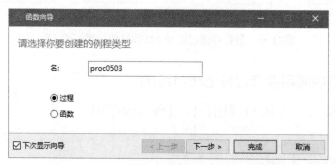

图8-9　【函数向导】窗口的第一个界面"请选择你要创建的例程类型"

单击【下一步】按钮，进入【函数向导】窗口的"请输入这个例程的参数"界面，在【模式】下方单击 按钮，在弹出的下拉列表中选择模式类型"IN"，如图 8-10 所示。

在【名】输入框中输入"strName"，在【类型】输入框中输入"varchar(16)"，如图 8-11 所示。

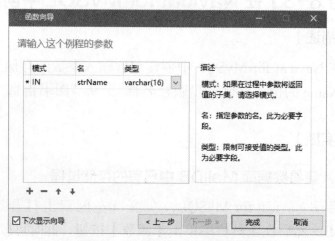

图8-10　参数类型列表

图8-11　设置存储过程参数的界面

单击【完成】按钮，弹出存储过程的定义窗口，其初始状态如图 8-12 所示。

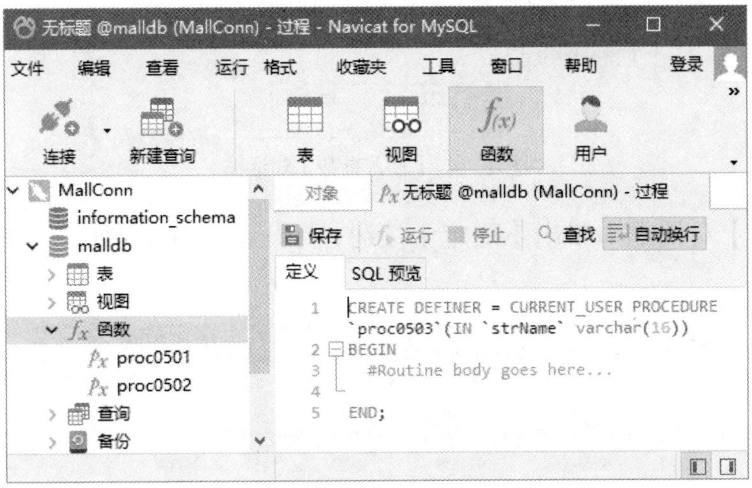

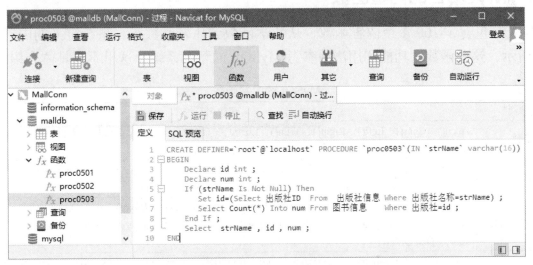

图8-12 存储过程定义窗口的初始状态

在存储过程的定义窗口中输入如下所示的 SQL 语句：

```
Begin
    Declare id int ;
    Declare num int ;
    If (strName Is Not Null) Then
        Set id=(Select 出版社ID From 出版社信息 Where 出版社名称=strName) ;
        Select Count(*) Into num From 图书信息 Where 出版社=id ;
    End If ;
    Select  strName , id , num ;
End
```

SQL 语句编辑完成后，单击工具栏中的【保存】按钮，对存储过程"proc0503"进行保存，存储过程保存完成后，完整的存储过程定义如图 8-13 所示。

图8-13 完整的存储过程定义

3. 运行存储过程

在工具栏中单击【运行】按钮，弹出【输入参数】对话框，在该对话框的参数输入框中输入"人民邮电出版社"，如图 8-14 所示。

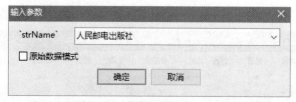

图8-14 【输入参数】对话框

在【输入参数】对话框中单击【确定】按钮，打开【过程】窗口，其中显示了运行结果，如图 8-15 所示。

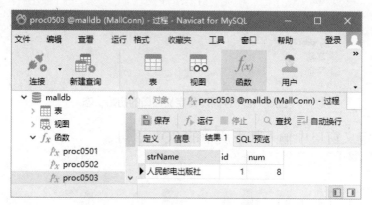

图8-15 存储过程proc0503的运行结果

8.3 使用函数获取与处理 MySQL 表数据

8.3.1 MySQL 的内置函数

MySQL 包含了 100 多个内置函数，从数学函数到比较函数等，系统定义的内置函数如表 8-2 所示，这些函数的功能和用法请参考 MySQL 的帮助系统，这里不再具体介绍。

表8-2   MySQL的内置函数

函数类型	函数名称
字符串函数	Ascii()、Char()、Left()、Right()、Trim()、Ltrim()、Ttrim()、Rpad()、Lpad()、Replace()、Concat()、Substring()、Strcmp()、Char_Length()、Length()、Insert()
数学函数	Greatest()、Least()、Floor()、Geiling()、Round()、Truncate()、Abs()、Sign()、PI()、Sqrt()、Pow()、Sin()、Cos()、Tan()、Asin()、Acos()、Atan()、Bin()、Otc()、Hex()
日期和时间函数	Now()、Curtime()、Curdate()、Year()、Month()、Monthname()、Dayofyear()、Dayofweek()、Dayofmonth()、Dayname()、Week()、Yearweek()、Hour()、Minute()、Second()、Date_add()、Date_sub()、DateDiff()
系统信息函数	Database()、Benchmark()、Charset()、Connection_ID()、Found_rows()、Get_lock()、Is_free_lock、Last_Insert()、Master_pos_wait()、Release_lock()、User()、System_user()、Version()
类型转换函数	Cast()
格式化函数	Format()、Date_format()、Time_format()、Inet_ntoa()、Inet_aton()
控制流函数	Ifnull()、Nullif()、If()
加密函数	Aes_encrypt()、Aes_decrypt()、Encode()、Decode()、Encrypt()、Password()

8.3.2　MySQL 的自定义函数

为了满足用户在特殊情况下的需要，MySQL 允许用户自定义函数，以补充和扩展系统定义的内置函数。用户自定义函数可以实现模块化程序设计，并且执行速度更快。

1. 自定义函数概述

MySQL 的自定义函数与存储过程相似，都是由 SQL 语句和过程式语句组成的代码片段，并且可以被应用程序调用。然而，它们也有一些区别，具体如下。

（1）自定义函数不能拥有输出参数，因为函数本身就有返回值。

（2）不能使用 Call 语句调用函数。

（3）函数必须包含一条 Return 语句，而存储过程不允许使用该语句。

2. 自定义函数的定义

创建自定义函数的语法格式如下所示：

```
Create Function <函数名称>( [<输入参数名>  <参数类型> [ , … ] )
     Returns <函数返回值类型>
     [ <函数的特征设置> ]
     <函数体>
```

【说明】

（1）定义函数时，函数名称不能与 MySQL 的关键字、内置函数、已有的存储过程、已有的自定义函数同名。

（2）自定义函数可以有输入参数，也可以没有输入参数，可以带一个输入参数，也可以带多个输入参数，参数必须规定参数名和类型（In 表示输入参数、Out 表示输出参数、InOut 表示输入 / 输出参数）。

（3）自定义函数必须有返回值，Returns 后面设置了函数的返回值类型。

（4）自定义函数的函数体可以包含流程控制语句、游标等，但必须包含 Retrun 语句，用于返回函数的值。

（5）函数的特征设置与存储过程类似，这里不赘述。

3. 查看自定义函数

查看自定义函数状态的语法格式如下：

```
Show Function Status [ Like  <函数名的模式字符> ] ;
```

例如：Show Procedure Status Like "func%" ;。

其中，% 为通配字符，"func%" 表示所有名称以 func 开头的函数。

查看函数定义的语法格式如下：

```
Show Create Function <函数名称> ;
```

例如：Show Create Function func0501 ;。

4. 修改自定义函数

修改函数是指修改已定义好的自定义函数，其语法格式如下：

```
Alter Function <自定义函数名称> [ <函数的特征设置> ]  ;
```

例如修改自定义函数 func0501 的定义,将读写权限修改为“Reads SQL Data”的语句如下:

```
Alter Function func0501 Reads SQL Data ;
```

如果要修改自定义函数的函数体内容，则可以采用先删除后重新定义的方法。

5. 删除自定义函数

删除自定义函数的语法格式如下：

```
Drop Function  [ if exists ] <自定义函数名称> ;
```

例如，删除自定义函数 func0501 的语句如下：

```
Drop Function func0501 ;
```

8.3.3 调用 MySQL 的函数

MySQL 中，调用 MySQL 系统定义的内置函数与调用自定义函数的语法格式如下：

```
Select 函数名称 ([ 实参 ]) ;
```

【任务 8-4】在命令行窗口中创建自定义函数 getTypeName()

【任务描述】

在命令行窗口中创建一个自定义函数 getTypeName()，该函数的功能是从“商品类型”数据表中根据指定的“类型编号”获取“类型名称”。

【任务实施】

1. 在命令行窗口中创建自定义函数 getTypeName()

在命令提示符后输入以下语句：

```
Delimiter $$
Create Function getTypeName( strTypeNumber varchar(9) )
      Returns Varchar(10)
Deterministic Begin
   Declare strTypeName varchar(10) ;
   If ( strTypeNumber Is Not Null) Then
    Select 类型名称 Into strTypeName From 商品类型
          Where 类型编号= strTypeNumber ;
   End If ;
   Return strTypeName ;
End $$
Delimiter ;
```

SQL 语句的输入过程及执行结果如图 8-16 所示。

```
mysql> Delimiter $$
mysql> Create Function getTypeName( strTypeNumber varchar(9) )
    ->         Returns Varchar(10)
    -> Deterministic Begin
    ->     Declare strTypeName varchar(10) ;
    ->     If ( strTypeNumber Is Not Null) Then
    ->      Select 类型名称 Into strTypeName From 商品类型
    ->           Where 类型编号= strTypeNumber ;
    ->     End If ;
    ->     Return strTypeName ;
    -> End $$
Query OK, 0 rows affected (0.01 sec)

mysql> Delimiter ;
```

图8-16 SQL语句的输入过程及执行结果

【说明】

在创建存储过程、函数、触发器时，可能会出现以下错误提示信息：

```
ERROR 1418 (HY000): This function has none of DETERMINISTIC, NO SQL, or READS SQL
DATA in its declaration and binary logging is enabled (you *might* want to use the less
safe log_bin_trust_function_creators variable)
```

有两种解决办法，第一种是在创建存储过程、函数、触发器时，将其声明为 Deterministic 或 No SQL 与 Reads SQL Data 中的一个，例如：

```
Deterministic Begin
    #Routine body goes here...
End ;
```

第二种是信任存储过程、函数、触发器的创建者，禁止创建、修改子程序时对 Super 权限的要求，设置 log_bin_trust_routine_creators 全局系统变量为 1。

设置方法有以下 3 种。

（1）在客户端的命令提示符上执行语句 "Set Global log_bin_trust_function_creators = 1；"。

（2）启动 MySQL 时，加上 --log-bin-trust-function-creators 选项，将参数设置为 1。

（3）在 MySQL 配置文件 my.ini 或 my.cnf 中的 [mysqld] 片段上加上 "log-bin-trust-function-creators=1"。

2. 在命令行窗口中调用自定义函数 getTypeName()

在命令提示符后输入以下语句来调用自定义函数 getTypeName()：

```
Select getTypeName("t1301") ;
```

调用自定义函数 getTypeName() 的结果如图 8-17 所示。

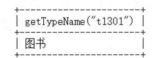

图8-17 调用自定义函数getTypeName()的结果

8.4 使用触发器获取与处理 MySQL 表数据

为了保证数据的完整性和强制使用业务规则，MySQL 除了提供约束之外，还提供了另外一种机制：触发器（Trigger）。当对数据表执行插入、删除或更新操作时，触发器会自动执行以检查数据表的完整性和约束性。

1. 触发器概述

触发器是一种特殊的存储过程，它与数据表紧密相连，可以看作数据表定义的一部分，用于对数据表实施完整性约束。触发器建立在触发事件上，例如对数据表执行 Insert、Update 或者 Delete 等操作时，MySQL 就会自动执行建立在这些操作上的触发器。触发器中包含了一系列用于定义业务规则的 SQL 语句，用来强制用户实现这些规则，从而确保数据的完整性。

存储过程可以使用 Call 命令调用，触发器的调用和存储过程不一样，触发器只能由数据库的特定事件来触发，并且不能接收参数。当满足触发器的触发条件时，数据库系统就会执行触发器中定义的程序语句。

2. 创建触发器

MySQL 中创建触发器的语法格式如下：

```
Create Trigger <触发器名称>  Before | After <触发事件>
     On <数据表名称>
     For Each Row
  <执行语句> ;
```

【说明】

（1）触发器名称在当前数据库中必须具有唯一性，如果需要在指定的数据库中创建触发器，要在触发器名称前加上数据库的名称。

（2）Before | After 用于指定触发器在激活它的语句之前触发还是之后触发。

（3）触发事件指明了激活触发器的语句类型，通常为 Insert（新插入记录时激活触发器）、Update（更改记录数据时激活触发器）、Delete（从数据表中删除记录时激活触发器）。

（4）数据表名称表示在该数据表中发生触发事件才会激活触发器。注意，同一个数据表不能拥有两个具有相同触发时刻和事件的触发器。例如，对于同一个数据表，不能有两个 Before Update 触发器，但可以有一个 Before Update 触发器和一个 Before Insert 触发器，或一个 Before Update 触发器和一个 After Update 触发器。

（5）For Each Row 指定受触发事件影响的每一行都要激活触发器。例如，使用一条语句向一个数据表中添加多条记录，触发器会对每一行执行相应触发器动作。

（6）执行语句为触发器激活时将要执行的语句，如果要执行多条语句，可以使用 Begin…End 复合语句，这样就能使用存储过程中允许的语句。

【注意】

触发器不能返回任何结果到客户端，为了阻止从触发器返回结果，不要在触发器定义中包含 Select 语句。同样，也不能调用将数据返回客户端的存储过程。

MySQL 触发器中的 SQL 语句可以关联数据表中的任意字段，但不能直接使用字段名称，这样做系统会无法识别，因为激活触发器的语句可能已经修改、删除或添加了新字段名，而字段的原名称同时存在。所以必须使用 "New.<字段名称>" 或 "Old.<字段名称>" 标识字段，"New.<字段名称>" 用来引用新记录的一个字段，"Old.<字段名称>" 用来引用更新或删除该字段之前原有的字段。对于 Insert 语句，只有 New 可以使用，对于 Delete 语句，只有 Old 才可以使用，对于 Update 语句 New 和 Old 都可以使用。

3. 查看触发器

查看触发器是指查看数据库中已存在的触发器的定义、状态和语法信息等，可以使用 SQL 语句来查看已经创建的触发器。

（1）使用 Show Triggers 查看触发器。

（2）使用 Select 语句查看 Triggers 数据表中的触发器信息，其语法格式如下：

```
Select * From Information_Schema.Triggers Where Trigger_Name=<触发器名> ;
```

4. 删除触发器

删除触发器的语法格式如下：

```
Drop Trigger [ <数据库名>.]<触发器名>
```

如果省略了数据库名，则表示在当前数据库中删除指定的触发器。

【任务 8-5】创建 Insert 触发器

【任务描述】

创建一个名为"order_insert"的触发器，当向"订单信息"数据表插入一条订单记录时，将用户变量 strInfo 的值设置为"在订单信息表中成功插入一条记录"。

【任务实施】

1. 在命令行窗口中创建触发器 order_insert

在命令提示符后输入以下语句：

```
Delimiter $$
Create Trigger order_insert After Insert  On 订单信息 For Each Row
Begin
  Set  @strInfo= " 在订单信息表中成功插入一条记录 " ;
End $$
Delimiter ;
```

SQL 语句的输入过程及执行结果如图 8-18 所示。

```
mysql> Delimiter $$
mysql> Create Trigger order_insert After Insert
    -> On 订单信息 For Each Row
    -> Begin
    ->   Set  @strInfo="在订单信息表中成功插入一条记录";
    -> End $$
Query OK, 0 rows affected (0.46 sec)

mysql> Delimiter ;
```

图8-18　SQL语句的输入过程及执行结果

2. 在 Triggers 数据表中查看触发器信息

在命令提示符后输入以下 Select 语句查看触发器信息：

```
Select Trigger_Name,Event_Manipulation,Event_Object_Schema , Event_Object_Table
    From Information_Schema.Triggers Where Trigger_Name="order_insert" ;
```

使用 Select 语句查看触发器信息的结果如图 8-19 所示。

```
+--------------+--------------------+--------------------+--------------------+
| TRIGGER_NAME | EVENT_MANIPULATION | EVENT_OBJECT_SCHEMA | EVENT_OBJECT_TABLE |
+--------------+--------------------+--------------------+--------------------+
| order_insert | INSERT             | malldb             | 订单信息            |
+--------------+--------------------+--------------------+--------------------+
```

图8-19　使用Select语句查看触发器信息的结果

3. 应用触发器 order_insert

在命令提示符后直接输入以下语句查看用户变量 strInfo 的值，此时该变量的初始值为"0x"：

```
Select @strInfo ;
```

接下来，向"订单信息"数据表中插入一条记录，测试触发器 order_insert 是否会被触发。对应的语句如下：

```
Insert Into 订单信息 ( 订单编号 , 提交订单时间 , 订单完成时间 , 送货方式 , 客户 ,
        收货人 , 付款方式 , 商品总额 , 运费 , 优惠金额 , 应付总额 , 订单状态 )
    Values("132577616584", "2020-10-25 11:13:08", "2020-10-28 15:31:12", "京东快递", 2,
        "陈芳", "货到付款", 268.80, 0.00, 10.00, 258.80, "已完成") ;
```

Insert 语句成功执行后，输入"Select @strInfo ;"语句再一次查看用户变量 strInfo 的值，此时该变量的值如图 8-20 所示。

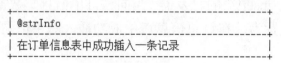

图8-20　查看用户变量strInfo的值

【任务 8-6】创建 Delete 触发器

【任务描述】

创建一个名为"commodityType_delete"的触发器，该触发器用于实现以下功能：限制用户删除"商品类型"数据表中的记录，当用户删除记录时抛出禁止删除记录的错误提示信息。

【任务实施】

1. 在命令行窗口中创建触发器 commodityType_delete

在命令提示符后输入以下语句：

```
Delimiter $$
Create Trigger commodityType_delete Before Delete
    On 商品类型 For Each Row
Begin
  Set @strDeleteInfo="商品类型数据表中的记录不允许删除 " ;
  Delete From 商品类型 ;
End $$
Delimiter ;
```

【说明】在"商品类型"数据表的触发器中添加 SQL 语句"Delete From 商品类型 ；"，其作用是抛出禁止删除记录的提示信息。由于 MySQL 没有抛出异常的语句，因此直接在触发器里面设置删除这个表的 SQL 语句，使 MySQL 发生异常，发生异常时就会自动回滚掉删除数据的操作了。

2. 在 Navicat for MySQL 中查看触发器

在 Navicat for MySQL 中打开数据表"商品类型"的【表设计器】，切换到【触发器】选项卡，该数据表已创建触发器，其定义如图 8-21 所示。

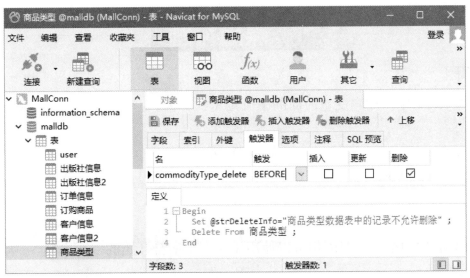

图8-21　查看"商品类型"数据表已创建的触发器及其定义

3. 应用触发器 commodityType_delete

在命令提示符后输入以下删除记录的语句，从"商品类型"数据表中删除一条记录，测试触发器 commodityType_delete 是否会被触发：

```
Delete From 商品类型 Where 类型编号 = "t01" ;
```

按【Enter】键后，可以发现该 SQL 语句并不能成功执行，会出现如下所示的提示信息：

```
ERROR 1442 (HY000): Can't update table '商品类型' in stored function/trigger because
it is already used by statement which invoked this stored function/trigger.
```

在 Navicat for MySQL 中打开数据表"商品类型"的"记录编辑"窗口，然后删除一条记录，首先会弹出图 8-22 所示的【确认删除】对话框，在该对话框中单击【删除一条记录】按钮，接着会出现图 8-23 所示的错误信息提示对话框。

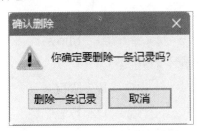

图8-22　【确认删除】对话框

❌ 1442 - Can't update table '商品类型' in stored function/trigger because it is already used by statement which invoked this stored function/trigger.

确定

图8-23　删除记录时出现的错误信息提示对话框

课后习题

1. 选择题

（1）在 MySQL 中，用户变量前面的字符是（　　）。

　A. $ 　　　　　　　　　　B. #

　C. & 　　　　　　　　　　D. @

（2）MySQL 语句中，可以匹配 0 个到多个字符的通配符是（　　）。

　A. * 　　　　　　　　　　B. %

　C. ? 　　　　　　　　　　D. @

（3）MySQL 中，单行注释语句可以使用（　　）字符开始的一行内容。

　A. /* 　　　　　　　　　　B. #

　C. { 　　　　　　　　　　D. /

（4）MySQL 中，全局变量前面使用的字符是（　　）。

　A. # 　　　　　　　　　　B. @

　C. * 　　　　　　　　　　D. @@

（5）如果要计算数据表中数据的平均值，可以使用的函数是（　　）。

　A. Sqrt() 　　　　　　　　B. Avg()

　C. Count() 　　　　　　　D. Sum()

（6）触发器是一个特殊的（　　）。

　A. 存储过程 　　　　　　　B. 函数

　C. 语句 　　　　　　　　　D. 表达式

（7）MySQL 中，用于定义游标的语句是（　　）。

　A. Create 　　　　　　　　B. Declare

　C. Declare … Cursor for … 　D. Show

（8）存储过程中不能使用的循环语句是（　　）。

　A. Repeat 　　　　　　　　B. While

　C. Loop 　　　　　　　　　D. For

（9）以下关于系统变量的描述错误的是（　　）。

　A. 系统变量在所有程序中都有效

　B. 用户不能自定义系统变量

　C. 用户不能手动修改系统变量的值

　D. 用户根据需要可以设置系统变量的值

（10）以下运算符中，优先级最高的是（　　）。

　A. ! 　　　　　B. % 　　　　　C. & 　　　　　D. &&

（11）使用（　　）内置函数可以获取字符串的长度。

　A. Count() 　　　B. Len() 　　　C. Length() 　　　D. Lower()

（12）以下函数中不能用于返回当前日期和时间的是（　　　）。

　　A．Curtime()　　　　　　　　B．Now()

　　C．Current_Timestamp()　　　D．Sysdate()

（13）MySQL 中，当需要创建多条执行语句的触发器时，触发器程序可以使用（　　　）开头，使用 End 结尾，中间包含多条语句。

　　A．begin　　　　B．start　　　　C．@@　　　　　　D．‖

（14）MySQL 中，用于删除触发器的语句是（　　　）。

　　A．Delete Trigger　　　　　　B．Close Trigger

　　C．Drop Trigger　　　　　　　D．以上都不对

（15）MySQL 中，调用存储过程使用（　　　）关键字。

　　A．Exit　　　　B．Create　　　　C．Alter　　　　D．Call

2．填空题

（1）MySQL 语句中定义的用户变量与_____有关，在_____内有效，可以将值从一条语句传递到另一条语句。一个客户端定义的变量_____被其他客户端使用，当客户端退出时，该客户端连接的所有变量将_____。

（2）可以使用_____语句定义和初始化一个用户变量，可以使用_____语句查询用户变量的值。

（3）用户变量以_____开头，以便将用户变量和字段名进行区别。系统变量一般都以_____为前缀。

（4）系统变量可以分为_____和_____两种类型。为系统变量设定新值的语句中，使用 Global 或 "@@global." 关键字的是_____，使用 Session 和 "@@session." 关键字的是_____。

（5）显示所有系统变量的语句为_____，显示所有全局系统变量的语句为_____。

（6）MySQL 中局部变量必须先定义后使用，使用_____语句声明局部变量，定义局部变量时使用_____子句给变量指定一个默认值，如果不指定则默认为_____。

（7）局部变量是可以保存单个特定类型数据值的变量，其有效作用范围在_____之内，在局部变量前面不使用 @ 符号。该定义语句无法单独执行，只能在_____和_____中使用。

（8）MySQL 中要更改 MySQL 语句的结束符可以使用_____命令。

（9）查看名称以 "proc" 开头的存储过程状态的语句为_____。

（10）调用存储过程使用_____语句，函数必须包含一条_____语句，而存储过程不允许使用该语句。

（11）触发器是一种特殊的_____，它与数据表紧密相连，可以看作数据表定义的一部分，用于对数据表实施完整性约束。触发器是建立在_____上的。

（12）存储过程可以使用 Call 命令调用，触发器的调用和存储过程不一样，触发器只能由数据库的_____触发，并且不能接收_____。

（13）创建存储过程使用关键字_____，创建触发器使用关键字_____，创建自定义函数使用关键字_____。

（14）创建触发器的语句中使用_____关键字指定受触发事件影响的每一行都要激活触发器。

（15）查看触发器通常有两种方法，一种是使用_____查看触发器，另一种是使用Select语句查看_____数据表中的触发器信息。

（16）MySQL中，修改存储过程可以使用_____语句，查看存储过程的创建信息使用_____。

（17）MySQL中，常量根据数据类型来划分，可以分为_____、_____、日期和时间常量、布尔常量和Null值等。

（18）MySQL中，创建自定义函数的语句是_____。

模块9

安全管理与备份MySQL数据库

09

数据库除了对数据本身进行管理，对数据的安全管理也是很重要的部分。数据库中安全管理主要涉及用户权限以及数据备份和还原，用户权限可以有效地保证数据的访问，数据备份则可以保证数据不丢失、不造成灾难性损失。数据库的安全管理是指保护数据库中的数据，防止非法操作造成数据泄露、修改或丢失。MySQL可以通过用户管理保证数据库的安全性。

MySQL提供了许多语句来管理用户，这些语句可以用来登录和退出MySQL服务器、创建用户、删除用户、管理密码和管理权限等。MySQL默认使用的root用户是超级管理员，拥有所有权限，包括创建用户、删除用户和修改用户密码等。除root用户外，还可以创建拥有不同权限的普通用户。

重要说明

（1）本模块的各项任务是在模块 8 的基础上进行的，模块 8 在数据库 MallDB 中保留了以下数据表：user、出版社信息、出版社信息 2、商品信息、商品库存、商品类型、图书信息、图书信息 2、图书汇总信息、客户信息、客户信息 2、用户信息、用户注册信息、用户类型、订单信息、订购商品。

（2）本模块在数据库 MallDB 中保留了以下数据表：user、出版社信息、出版社信息 2、商品信息、商品库存、商品类型、图书信息、图书信息 2、图书汇总信息、客户信息、客户信息 2、用户信息、用户注册信息、用户类型、订单信息、订购商品。

（3）本模块所有任务完成后，参考模块 9 中介绍的备份方法将数据库 MallDB 进行备份，备份文件名为"MallDB09.sql"，示例代码为"mysqldump -u root -p --databases MallDB> D:\MySQLData\MyBackup\MallDB09.sql"。

操作准备

（1）打开 Windows 命令行窗口。

（2）如果数据库 MallDB 或者该数据库中的数据表被删除了，请参考模块 9 中介绍的还原备份的方法将模块 8 中创建的备份文件"MallDB08.sql"予以还原。

示例代码为"mysql –u root –p MallDB < D:\MySQLData\MallDB08.sql"。

（3）登录 MySQL 服务器。

在命令行窗口的命令提示符后输入命令"mysql -u root -p"，按【Enter】键后，输入正确的密码，这里输入"123456"。当窗口中的命令提示符变为"mysql>"时，表示已经成功登录 MySQL 服务器。

（4）选择创建表的数据库 MallDB。

在命令提示符"mysql>"后面输入选择数据库的语句：

```
Use MallDB ;
```

（5）启动 Navicat For MySQL，打开已有连接 MallConn，打开其中的数据库 MallDB。

9.1　登录与退出 MySQL 服务器

MySQL 安装完成后会有用户名为"root"的超级用户存在，有了用户就可以登录服务器了，登录服务器需要服务器主机名、用户名、密码。在登录 MySQL 服务器之前可以使用"mysql --help"或"mysql -?"命令查看 mysql 命令的帮助信息，了解 mysql 命令各个参数的含义。

登录 MySQL 服务器命令的语法格式如下：

```
mysql [ -h <主机名> | <主机 IP 地址> ] [ -P <端口号> ] -u <用户名> -p[<密码>]
```

说明如下。

（1）mysql 表示调用 mysql 应用程序命令。

（2）"-h <主机名>"或"-h <主机 IP 地址>"为可选项，如果本机就是服务器，该选项可以省略不写。"-h"后面加空格然后接主机名称或主机 IP 地址，本机名默认为"localhost"，本机 IP 地址默认为"127.0.0.1"。该参数也可以替换成"--host=<主机名>"的形式，注意"host"前面有两个横杠。

（3）"-P <端口号>"为可选项，mysql 服务的默认端口号为 3306，省略该参数时会自动连接到 3306 端口。"-P"后面加空格然后接端口号，通过该参数可以连接一个指定端口号。

（4）"-u <用户名>"为必选项，"-u"后面接用户名，默认用户名为 root。"-u"与用户名之间可以加空格，也可以不加空格。该参数也可以替换成"--user=<用户名>"的形式，注意"user"前面有两个横杠。

（5）"-p[<密码>]"用于指定登录密码。如果在"-p"后面指定了密码，则使用该密码可以直接登录服务器，这种方式的密码可见，安全性不强，注意："-p"与密码字符串之间不能有空格，如果有空格，那么将提示输入密码。如果"-p"后面没有指定密码，则登录时会提示输入密码。该参数也可以替换成"--password=<密码>"的形式，注意"password"前面有两个横杠。

登录 MySQL 服务器的命令还可以指定数据库名称，如果没有指定数据库名称，则会直接登录到 MySQL 服务器，然后可以使用"use <数据库名称>"语句来选择数据库。

登录 MySQL 服务器的命令的最后还可以加参数 "-e"，然后在该参数后面直接加 SQL 语句，这样成功登录 MySQL 服务器后便会执行 "-e" 后的 SQL 语句。

退出 MySQL 服务器的方式很简单，只需要在命令提示符后输入 "Exit" 或 "Quit" 命令即可。"\q" 是 "Quit" 的缩写，也可以用来退出 MySQL 服务器，按快捷键【Ctrl+Z】，再按【Enter】键也可以退出 MySQL 服务器。退出后会显示 "Bye" 提示信息。

【任务 9-1】尝试用多种方式登录 MySQL 服务器

【任务描述】

尝试使用以下多种方式登录 MySQL 服务器。

（1）使用 root 用户登录本机 MySQL 数据库，要求登录时密码不可见。

（2）使用 root 用户登录本机 MySQL 数据库，在登录命令中指定数据库名称和密码。

（3）使用 root 用户登录本机数据库 MallDB，同时查询 MallDB 数据库中的数据表 "用户类型" 的结构信息。

【任务实施】

1. 实现登录的过程

首先在命令提示符后输入以下命令：

```
mysql -u root -p                                            命令①
```

然后按【Enter】键，出现提示信息 "Enter password:"，然后在提示信息后输入正确密码，例如 "123456"，按【Enter】键即可成功登录，并显示图 9-1 所示的相关信息。

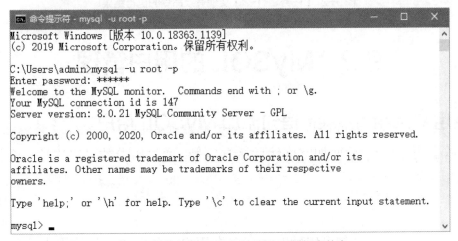

图9-1　成功登录MySQL时出现的提示信息

接着在命令提示符后输入 "Quit" 命令退出 MySQL 服务器。

2. 实现登录的命令

输入以下命令：

```
mysql -h localhost -P 3306 -u root -p123456 mysql           命令②
```

参数 "-h localhost" 也可以写成 "-h 127.0.0.1"，二者是等价的。

由于登录本机的主机名称默认为 localhost，所以该命令中的参数 "-h localhost" 可以省略。由于 MySQL 服务器的默认端口为 3306，不使用该参数时会自动连接到 3306 端口，所以参数 "-P 3306" 可以省略。由于没有指定数据库名称时会直接登录 MySQL 数据库，所以密码后面指定的参数 "mysql" 也可以省略。

最精简的命令形式如下：

```
mysql -u root -p123456                                          命令③
```

命令③和命令②的作用是相同的。

这里由于密码可见，登录时会出现如下所示的警告信息：

```
mysql:[Warning] Using a password on the command line interface can be insecure.
```

该命令也可以写成以下形式：

```
mysql --host=localhost --user=root --password=123456          命令④
```

3. 实现登录的命令

输入以下命令：

```
mysql -u root -p123456 MallDB -e "Desc 用户类型"              命令⑤
```

该命令成功执行后，会显示数据表"用户类型"的结构数据，如图 9-2 所示，然后会自动退出 MySQL 服务器。

```
+-----------+-------------+------+-----+---------+-------+
| Field     | Type        | Null | Key | Default | Extra |
+-----------+-------------+------+-----+---------+-------+
| 用户类型ID  | int         | NO   | PRI | NULL    |       |
| 用户类型名称 | varchar(6)  | NO   | UNI | NULL    |       |
| 用户类型说明 | varchar(50) | YES  |     | NULL    |       |
+-----------+-------------+------+-----+---------+-------+
```

图9-2 【任务9-1-3】实现登录命令的执行结果

9.2 MySQL 的用户管理

9.2.1 使用 Create User 语句添加 MySQL 用户

使用 Create User 语句添加 MySQL 用户的基本语法格式如下：

```
Create User [ If Not Exists ] <用户名称>@<主机名称> | <IP 地址>
          [ Identified By [ Random Password ] | [ <密码> ] ]
```

说明如下。

（1）使用 Create User 语句可以同时创建多个用户，各用户之间使用半角逗号分隔。

（2）创建用户账号的格式为 <用户名称>@<主机名称>，主机名称是指用户连接 MySQL 时所用主机的名称。如果在创建的过程中只给出了用户名称，而没指定主机名称，那么主机名称默认为 "%"，表示一组主机，即对所有主机开放权限。

"用户名称" 必须符合 MySQL 标识符的命名规则，并且不能与同一台主机中已有用户名相同。用户名称、主机名称或 IP 地址、密码都需要使用半角单引号引起来。

（3）"主机名称" 也可以使用 IP 地址。如果是本机，则使用 localhost，IP 地址为 127.0.0.1。如果对所有的主机开放权限，允许任何用户从远程主机登录服务器，那么这里可以使用通配符"%"。

（4）字符"@"与前面的用户名称之间，与后面的主机名称之间都不能有空格，否则用户的创建不会成功。

（5）如果两个用户具有相同的用户名称但主机不同，MySQL 会将视它们为不同的用户，允许为这两个用户分配不同的权限。

（6）如果一个用户名称或主机名称包含特殊符号，例如下划线"_"或通配符"%"，则需要使用半角单引号将其引起来。

（7）"Identified By"关键字用于设置用户的密码，新用户可以没有初始密码，若不设密码，则可以省略该选项，此时，MySQL 服务器使用内建的身份验证机制，用户登录时不用指定密码。如果需要创建指定密码的用户，需要使用关键字"Identified By"指定明文密码值。

（8）对于使用的语法 Identified By Random Password，MySQL 会生成一个明文形式的随机密码，并将其传递给身份验证插件以进行可能的哈希处理。插件返回的结果存储在 mysql.user 数据表中。

使用 Create User 语句创建新用户时，必须拥有 MySQL 数据库的全局 Create User 权限或 Insert 权限。如果添加的用户已经存在，则会出现错误提示信息。

每添加一个 MySQL 用户，都会在 user 数据表中添加一条新记录，但是新创建的用户没有任何权限，需要对其进行授权操作。

【任务 9-2】在命令行窗口中使用 Create User 语句添加 MySQL 用户

【任务描述】

（1）使用普通明文密码创建一个新用户 admin。

使用 Create User 语句添加一个新用户，用户名为 admin，密码是 123456，主机为本机。

（2）使用随机密码创建一个新用户 better。

使用 Create User 语句添加一个新用户，用户名为 better，生成一个随机密码，主机为本机。

【任务实施】

1. 使用普通明文密码创建一个新用户 admin

（1）打开 Windows 命令行窗口，然后登录 MySQL 服务器。

（2）创建用户 admin。

在命令提示符后输入以下命令来创建用户 admin：

```
Create User 'admin'@'localhost' Identified By '123456' ;
```

当该语句成功执行时，如果出现以下提示信息，说明该用户已经创建完成，可以使用该用户名登录 MySQL 服务器：

```
Query OK, 0 rows affected (0.09 sec)
```

（3）查看数据表 user 中目前已有的用户。

在命令提示符后输入以下命令查看数据库 mysql 的数据表 user 中目前已有的用户：

```
Select Host , User , Authentication_string  From  mysql.user ;
```

查看的结果如图 9-3 所示。

```
+-----------+------------------+----------------------------------------------------------------+
| Host      | User             | Authentication_string                                          |
+-----------+------------------+----------------------------------------------------------------+
| localhost | admin            | *6BB4837EB74329105EE4568DDA7DC67ED2CA2AD9                       |
| localhost | mysql.infoschema | $A$005$THISISACOMBINATIONOFINVALIDSALTANDPASSWORDTHATMUSTNEVERBRBEUSED |
| localhost | mysql.session    | $A$005$THISISACOMBINATIONOFINVALIDSALTANDPASSWORDTHATMUSTNEVERBRBEUSED |
| localhost | mysql.sys        | $A$005$THISISACOMBINATIONOFINVALIDSALTANDPASSWORDTHATMUSTNEVERBRBEUSED |
| localhost | root             | *6BB4837EB74329105EE4568DDA7DC67ED2CA2AD9                       |
+-----------+------------------+----------------------------------------------------------------+
```

图9-3　查看数据表 user 中目前已有的用户

由图 9-3 可以看出，MySQL 系统本身有多个默认用户 root 和 mysql.sys、mysql.session、mysql.infoschema，刚才新添加的用户 admin 也出现在 user 数据表中，该用户密码的哈希值为 "*6BB4837EB74329105EE4568DDA7DC67ED2CA2AD9"，其原值为 "123456"，与用户 root 的密码相同。

2. 使用随机密码创建一个新用户 better

（1）创建用户 better。

在命令提示符后输入以下命令来创建用户 better：

```
Create User 'better'@'localhost'  Identified By Random Password ;
```

当该语句成功执行时，会显示图 9-4 所示的用户信息，user 为 better、host 为 localhost、generated password 为 "4eH+V%MxiiJjzTw6e/_i"，表示该用户已经创建完成，可以使用该用户名登录 MySQL 服务器。

```
+--------+-----------+----------------------+
| user   | host      | generated password   |
+--------+-----------+----------------------+
| better | localhost | 4eH+V%MxiiJjzTw6e/_i |
+--------+-----------+----------------------+
```

图9-4　使用随机密码创建的用户 better

（2）在数据表 user 中查看新添加的用户 better。

在命令提示符后输入以下命令查看数据表 user 中新添加的用户 better：

```
Select User , Host , Authentication_string From mysql.user Where User='better' ;
```

查看的结果如图 9-5 所示。

```
+--------+-----------+-------------------------------------------+
| User   | Host      | Authentication_string                     |
+--------+-----------+-------------------------------------------+
| better | localhost | *BADBB4C76C3B37B7825FA25B56DE8A5469668BEC |
+--------+-----------+-------------------------------------------+
```

图9-5　查看数据表 user 中新添加的用户 better

由图 9-5 可以看出，刚才新添加的用户 better 出现在 user 数据表中，该用户密码的 Authentication_string 字段值为 "*BADBB4C76C3B37B7825FA25B56DE8A5469668BEC"。

【任务 9-3】在 Navicat for MySQL 中添加与管理 MySQL 用户

【任务描述】

（1）在 Navicat for MySQL 中添加新用户。

在【Navicat for MySQL】窗口中添加一个新用户，用户名为 happy，密码是 123456，主机为本机,即 localhost,并授予 happy 用户对所有数据表的 Select、Insert、Update 和 Delete 权限。

（2）在 Navicat for MySQL 中查看与修改已有用户 better。

在【Navicat for MySQL】窗口中查看已有用户 better 的"常规"设置和"服务器权限"设置,并授予 better 用户对所有数据表的 Select、Insert、Update、Delete 权限。

【任务实施】

1. 在 Navicat for MySQL 中添加新用户

（1）查看数据库 MallDB 中已有的用户。

启动 Navicat for MySQL,在窗口左侧双击打开连接 MallConn,然后在工具栏中单击【用户】按钮,此时可以看到连接 MallConn 中已有的用户,如图 9-6 所示。

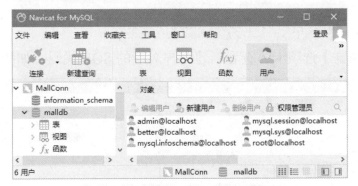

图9-6 数据库MallDB中已有的用户

（2）新建用户。

在【对象】区域的工具栏中单击【新建用户】按钮,打开创建新用户的界面,在【常规】选项卡的【用户名】输入框中输入"happy",在【主机】输入框中输入"localhost",在【插件】下拉列表中选择"mysql_native_password",在【密码】输入框中输入"123456",在【确认密码】输入框中同样输入"123456",如图 9-7 所示。

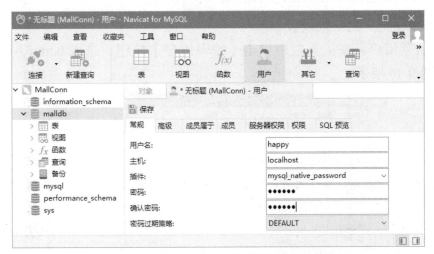

图9-7 新建用户界面的【常规】选项卡

切换到【服务器权限】选项卡,分别选择 Select、Insert、Update 和 Delete 对应的复选框,让 happy 用户对所有数据表拥有相应的权限,如图 9-8 所示。

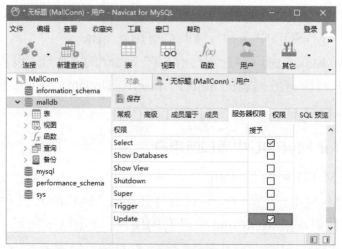

图9-8　新建用户界面的【服务器权限】选项卡

切换到【SQL 预览】选项卡，查看新建用户对应的 SQL 代码，如图 9-9 所示。

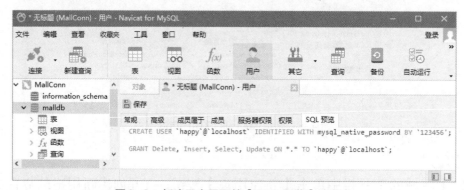

图9-9　新建用户界面的【SQL 预览】选项卡

在工具栏中单击【保存】按钮，完成新用户 happy 的创建。

2. 查看与修改已有用户 better

（1）查看 better 用户的常规设置。

选择"better"用户，在工具栏中单击【编辑用户】按钮，进入 better 用户的编辑状态，其常规设置如图 9-10 所示。

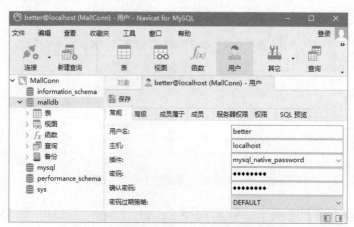

图9-10　查看Better用户的常规设置

（2）修改 better 用户的服务器权限。

在用户 better 的编辑界面切换到【服务器权限】选项卡，分别选择 Select、Insert、Update 和 Delete 右侧的复选框，让 better 用户对所有数据表拥有相应的权限，如图 9-11 所示。

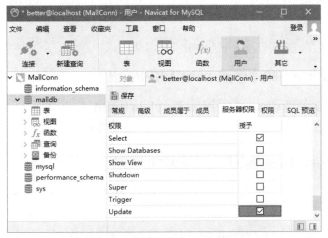

图9-11 修改better用户的服务器权限

在工具栏中单击【保存】按钮，完成对 better 用户的修改。

9.2.2 修改 MySQL 用户的名称

使用 Rename User 语句可以对已有的 MySQL 用户进行重命名，修改 MySQL 用户名称基本的语法格式如下：

```
Rename User <已有用户的用户名> To <新的用户名> ;
```

【说明】

（1）如果原有用户名不存在或者新的用户名已经存在，则重命名不会成功，会出现如下所示的错误提示信息：

```
ERROR 1396 (HY000): Operation RENAME USER failed for 'better'@'localhost'
```

（2）要使用 Rename User 语句，必须拥有全局 Rename User 权限和 MySQL 数据库 Update 权限。

（3）一条 Rename User 语句可以同时对多个已存在的用户进行重命名，各个用户信息之间使用半角逗号分隔。

9.2.3 修改 MySQL 用户的密码

如果用户忘记了 MySQL 的 root 用户的密码或者没有设置 root 用户的密码，就必须修改或设置 root 用户的密码。在 MySQL 中，root 用户拥有最高权限，因此必须保证 root 用户的密码安全。可以通过多种方式来修改 root 用户的密码。

1. 使用 mysqladmin 命令修改 root 用户的密码

使用 mysqladmin 命令修改 root 用户密码的基本语法格式如下：

```
mysqladmin -u root -p password <"新密码"> ;
```

【说明】其中 "password" 为关键字，不是指定旧密码，而是指定新密码，新密码必须使用半角双引号引起来，使用半角单引号会出现错误。

2. 使用 Alter User 语句修改 root 用户的密码

使用 root 用户登录到 MySQL 服务器后，可以使用 Alter User 语句修改密码，其语法格式如下：

```
Alter User 'root'@'localhost' Identified With mysql_native_password By '<新密码>' ;
```

3. 使用 mysqladmin 命令修改 root 用户的密码

使用 mysqladmin 命令修改 root 用户的密码的语法格式如下：

```
mysqladmin -u <已有用户名称> -p  password  <"新密码"> ;
```

4. 使用 Alter User 语句修改自定义用户的密码

自定义的普通用户登录 MySQL 服务器后，可以通过 Alter User 语句设置自己的密码，其语法格式如下：

```
Alter User '<用户名称>'@'<主机名称>'
     Identified With mysql_native_password  By <"新密码"> ;
```

【任务 9-4】在命令行窗口中使用多种方式修改 root 用户的密码

【任务描述】

（1）使用 mysqladmin 命令修改 root 用户的密码，将原有的密码"123456"修改为"654321"。

（2）使用 Alter User 语句修改 root 用户的密码，将原有的密码"654321"修改为"123456"。

【任务实施】

1. 打开 Windows 命令行窗口

2. 使用 mysqladmin 命令修改 root 用户的密码

在命令提示符后面输入以下语句：

```
mysqladmin -u root -p password "654321"
```

出现提示信息"Enter password:"，然后输入 root 用户原来的密码"123456"，如下所示：

```
Enter password: ******
```

按【Enter】键后会出现以下警告信息：

```
mysqladmin: [Warning] Using a password on the command line interface can be insecure.
Warning: Since password will be sent to server in plain text, use ssl connection to
ensure password safety.
```

修改密码语句执行完成后，新的密码将被保存，此后登录 root 用户就需要使用新的密码。

3. 使用 Alter User 语句修改 root 用户的密码

使用修改后的新密码重新登录 MySQL 服务器，在命令提示符"mysql>"后输入以下语句：

```
Alter User 'root'@'localhost' Identified With mysql_native_password By '123456' ;
```

该语句执行完成后，会出现如下所示的提示信息：

```
Query OK, 0 rows affected, 1 warning (0.01 sec)
```

Alter User 语句执行成功，root 用户的密码被成功设置为"123456"。为了使新密码生效，需要以新密码重新启动 MySQL。

【任务 9-5】在命令行窗口中使用多种方式修改普通用户的密码

【任务描述】

（1）root 用户使用 mysqladmin 命令修改普通用户 admin 的密码，将原有的密码"123456"修改为"666"。

（2）admin 用户使用 Alter User 语句将其密码修改为"123456"。

【任务实施】

1. 打开 Windows 命令行窗口

2. 使用 mysqladmin 命令修改 root 用户的密码

在命令提示符后输入以下语句：

```
mysqladmin -u admin -p password "666"
```

出现提示信息"Enter password:"，然后输入 root 用户原来的密码"123456"，如下所示。

```
Enter password: ******
```

按【Enter】键后会出现以下警告信息：

```
mysqladmin: [Warning] Using a password on the command line interface can be insecure.
Warning: Since password will be sent to server in plain text, use ssl connection to
ensure password safety.
```

修改密码语句执行完成后，普通用户的新密码将被保存，此后登录普通用户 admin 就需要使用新的密码。

3. 使用 Alter User 语句修改普通用户 admin 的密码

root 用户登录 MySQL 服务器，在命令行提示符"mysql>"后输入以下语句：

```
Alter User 'admin'@'localhost' Identified With mysql_native_password By '123456' ;
```

该语句执行完成后，会出现如下所示的提示信息：

```
Query OK, 0 rows affected, 1 warning (0.01 sec)
```

Alter User 语句执行成功，admin 用户的密码被成功设置为"123456"，此后 admin 用户就可以使用新密码登录 MySQL 服务器了。

【任务 9-6】在 Navicat for MySQL 中修改用户的密码

【任务描述】

在 Navicat for MySQL 中将 better 用户原有的密码"123456"修改为"666"。

【任务实施】

在【Navicat for MySQL】窗口中单击【用户】按钮，此时可以看到数据库 MallDB 中已有的用户，如图9-12所示。在用户列表中选择已有用户"better@localhost"，然后在【对象】区域的工具栏中单击【编辑用户】按钮，打开【常规】选项卡，分别在【密码】输入框和【确认密码】输入框中输入密码"666"，如图9-13所示。

图9-12　数据库MallDB中已有的用户

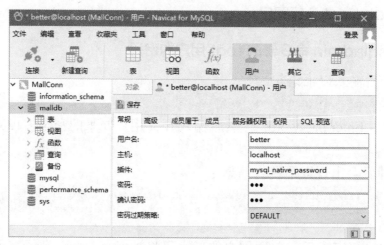

图9-13　修改better用户的密码

密码修改完成后，在工具栏中单击【保存】按钮，保存对better用户密码的修改。

9.2.4　删除普通用户

1. 使用 Drop User 语句删除普通用户

使用Drop User语句删除普通用户的语法格式如下：

```
Drop User <用户名>@<主机名>；
```

【说明】

（1）使用Drop User语句删除用户时，必须拥有MySQL数据库的Drop User权限。

（2）Drop User语句可以同时删除多个用户，各个用户之间使用半角逗号分隔。

（3）如果删除的用户已经创建了数据表、索引或其他的数据库对象，它们将继续保留，因为MySQL并未关注是哪一个用户创建了这些对象。

2. 使用 Delete 语句删除普通用户

使用Delete语句可以直接将用户的信息从user数据表中删除，其语法格式如下：

```
Delete From mysql.user Where Host=<主机名> And User=<用户名> ;
```

【说明】

（1）使用 Delete 语句从数据表 user 中删除用户，必须拥有对 user 数据表的 Delete 权限。

（2）语句中的主机名和用户名必须使用半角引号括起来。

（3）删除用户后，可以使用 Select 语句查询 user 数据表，确定该用户是否已经被成功删除。

【任务 9-7】在命令行窗口中修改与删除普通用户

【任务描述】

（1）root 用户使用 Rename User 语句将普通用户 Better 的用户名修改为"Lucky"，将主机名修改为"localhost"，修改为 IP 地址"127.0.0.1"。使用 Drop User 语句删除普通用户 happy。

（2）先使用 Create User 语句添加一个新用户，用户名为 testUser，密码是 123456，主机为本机；然后使用 Delete 语句删除该普通用户。

【任务实施】

1. 修改普通用户 Better 的用户名、主机名和 IP 地址

（1）打开 Windows 命令行窗口，然后以 root 用户登录到 MySQL 服务器。

（2）使用 Rename User 语句修改普通用户的用户名和主机名。

在命令提示符"mysql>"后输入以下语句：

```
Rename User 'better'@'localhost' To 'Lucky'@'127.0.0.1' ;
```

该语句执行完成后，会出现如下所示的提示信息：

```
Query OK, 0 rows affected (0.03 sec)
```

结果显示修改用户名和主机名成功。

（3）使用 Drop User 语句删除普通用户 happy。

在命令提示符"mysql>"后输入以下语句：

```
Drop User 'happy'@'localhost' ;
```

该语句执行完成后，会出现如下所示的提示信息：

```
Query OK, 0 rows affected (0.03 sec)
```

结果显示删除用户 happy 成功。

然后在命令提示符"mysql>"后输入以下语句执行刷新操作：

```
flush privileges ;
```

2. 创建用户 testUser

在命令提示符后输入以下命令创建用户 testUser：

```
Create User 'testUser'@'localhost' Identified By '123456' ;
```

当该语句成功执行时，如果出现以下提示信息：

```
Query OK, 0 rows affected (0.02 sec)
```

说明该用户已经创建完成，可以使用该用户名登录 MySQL 服务器。

使用 Delete 语句删除普通用户 testUser。

在命令提示符"mysql>"后输入以下语句：

```
Delete From mysql.user Where Host='localhost' And User='testUser' ;
```

该语句执行完成后，会出现如下所示的提示信息：

```
Query OK, 1 row affected (0.03 sec)
```

结果显示成功删除用户 testUser。

【任务 9-8】在 Navicat for MySQL 中修改用户的名称与删除用户

【任务描述】

（1）在【Navicat for MySQL】窗口中将普通用户 Lucky 的名称修改为"happy"，将 IP 地址"127.0.0.1"修改为主机名"localhost"。

（2）在【Navicat for MySQL】窗口中删除普通用户 Lucky@localhost。

【任务实施】

1. 在 Navicat for MySQL 中修改普通用户 Lucky

在【Navicat for MySQL】窗口中单击【用户】按钮，此时可以看到数据库 MallDB 中已有的用户。在用户列表中选择已有用户"Lucky@127.0.0.1"，然后在【对象】区域的工具栏中单击【编辑用户】按钮，打开【常规】选项卡，在【用户名】输入框中输入新的用户名"happy"，在【主机】输入框中输入"localhost"，如图 9-14 所示。

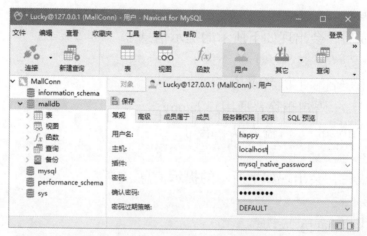

图9-14　在【Navicat for MySQL】窗口中修改普通用户Lucky

用户信息修改完成后，在工具栏中单击【保存】按钮，保存对用户所做的修改。

2. 在 Navicat for MySQL 中删除普通用户 Lucky

在用户列表中选择已有用户"Lucky@localhost"，然后在【对象】区域的工具栏中单击【删除用户】按钮，打开【确认删除】对话框，如图 9-15 所示，在该对话框中单击【删除】按钮即可删除所选择的普通用户。

图9-15　【确认删除】对话框

9.3 MySQL 的权限管理

安装 MySQL 时会自动安装一个名为 mysql 的数据库，用户登录 MySQL 后，mysql 数据库会根据权限表的内容赋予每个用户相应的权限。

9.3.1 MySQL 的权限表

MySQL 服务器通过 mysql 数据库中的权限表来控制用户对数据库的访问。MySQL 权限表存放在 mysql 数据库里，由 mysql_install_db 脚本初始化。这些 MySQL 权限表分别是 user、db、table_priv、columns_priv、proc_priv，这些数据表记录了所有的用户及其权限信息，MySQL 就是通过这些数据表控制用户的访问的。这些数据表的用途各有不同，但是有一点是一致的，那就是都能够检验用户要做的事情是否为被允许的。每张数据表的字段都可分解为两类，一类为作用域字段，另一类为权限字段。作用域字段用来标识主机、用户或者数据库；而权限字段则用来确定对给定主机、用户或者数据库来说，哪些动作是允许的。

下面分别介绍一下这些表的结构和内容。

1. user 权限表

user 数据表是 mysql 数据库中最重要的一个权限数据表，其中记录着允许连接到服务器的用户账号、密码、全局性权限等信息。该数据表能够决定是否允许用户连接到服务器。如果允许连接，权限字段则为该用户的全局权限。例如，一个用户在 user 数据表中被授予了 Delete 权限，那么该用户可以删除 MySQL 服务器上所有数据表中的任何记录。

可以使用 Desc 语句来查看 user 数据表中的结构数据，其语法格式如下：

```
Desc mysql.user ;
```

2. db 权限表

db 权限表中存储了各个账号在各个数据库上的操作权限，用于决定哪些用户可以从哪些主机上访问哪些数据库。

使用如下语句来查看 db 数据表中的结构数据：

```
mysql> Desc mysql.db ;
```

3. table_priv 权限表

table_priv 权限表用于设置数据表级别的操作权限。该数据表与 db 数据表相似，不同之处是它用于数据表而不是数据库。这个数据表还包含一个其他字段类型，其中包括 Timestamp 和 Grantor 两个字段，分别用于存储时间戳和授权方。

使用如下语句来查看 table_priv 数据表中的结构数据：

```
Desc mysql.tables_priv ;
```

4. columns_priv 权限表

columns_priv 权限表用于设置数据字段级别的操作权限。该数据表的作用几乎与 tables_priv 表一样，不同之处是它提供的是针对数据表特定字段的权限。这个数据表包含了一个

Timestamp 列，用于存放时间戳。

使用如下语句来查看 columns_priv 数据表中的结构数据：

```
Desc mysql.columns_priv ;
```

5. proc_priv 权限表

proc_priv 权限表用于设置存储过程和函数的操作权限。

使用如下语句来查看 procs_priv 数据表中的结构数据：

```
Desc mysql.procs_priv ;
```

9.3.2　授予权限

授予权限就是为用户赋予某些权限，例如，可以为新建的用户赋予查询所有数据表的权限。合理的授权能够保证数据库的安全，不合理的授权会使数据库存在安全隐患。MySQL 中使用 Grant 语句为用户授予权限，只有拥有 Grant 权限的用户才可以执行 Grant 语句。

MySQL 的权限层级及可能设置的权限类型如表 9-1 所示。

表9-1　　　　　　　　MySQL的权限层级及可能设置的权限类型

权限层级	可能设置的权限类型
用户权限	'Create'、'Alter'、'Drop'、'Grant'、'Show Databases'、'Execute'
数据库权限	'Create Routine'、'Execute'、'Alter Routine'、'Grant'
数据表权限	'Select'、'Insert'、'Update'、'Delete'、'Create'、'Drop'、'Grant'、'References'、'Index'、'Alter'
字段权限	'Select'、'Insert'、'Update'、'References'
过程权限	'Create Routine'、'Execute'、'Alter Routine'、'Grant'

授予的权限层级及其语法格式如下：

1. 全局层级（用户层级）

全局权限适用于一个给定服务器中的所有数据库。这些权限存储在 mysql.user 数据表中。对于授予数据库权限的语句，也可以定义在用户层级上。例如，在用户层级上授予某用户 Create 权限，该用户可以创建一个新的数据库，也可以在所有数据库中创建数据表。

授予用户全局权限语句的语法格式如下：

```
Grant  All| All Privileges  On  *.* ;
```

MySQL 授予用户权限时，在 Grant 语句中，On 子句使用 "*.*" 表示所有数据库的所有数据表。除了可以授予数据库权限，还可以授予 Create User、Show Databases 等权限。

2. 数据库层级

数据库权限适用于一个给定数据库中的所有对象。这些权限存储在 mysql.db 数据表中。例如，在已有的数据库中创建数据表或删除数据表的权限。

授予数据库权限语句的语法格式如下：

```
Grant  All | All Privileges | <权限名称> On *|<数据表名称>.*
                     To  <用户名称>@<主机名称>;
```

其中 All 或 All Privileges 表示授予全部权限，"*" 表示当前数据库中的所有数据表，"<

数据表名称 >.*"表示指定数据库中的所有数据表,"权限名称"可以为适用于数据库的所有权限名称。

3.　数据表层级

数据表权限适用于给定数据表中的所有字段。这些权限存储在 mysql.tables_priv 数据表中。例如,使用 Insert Into 语句向数据表中插入记录的权限。

授予数据表权限语句的语法格式如下:

```
Grant All | All Privileges | <权限名称> On <数据库名称>.<数据表名称>|<视图名称>
  To <用户名>@<主机名> ;
```

【说明】

(1)权限名称表示授予的权限,例如 Select、Update、Delete 等,如果想让该用户可以为其他用户授权,在语句后加上 With Grant Option,如果在创建用户的时候不指定 With Grant Option 选项,会导致该用户不能使用 Grant 命令创建用户或者给其他用户授权。

(2)如果给数据表授予数据表层级所有类型的权限,则将"<权限名称>"改为"All"即可。

(3)如果在 To 子句中使用"Identified By <新密码>"给存在的用户指定新密码,则新密码将会覆盖用户原来定义的密码。

4.　字段层级

字段权限适用于给定数据中的某一字段。这些权限存储在 mysql.columns_priv 数据表中。例如,使用 Update 语句更新数据表字段值的权限。

授予字段权限语句的语法格式如下:

```
Grant <权限名称>(字段名列表) On <数据库名称>.<数据表名称>
                    To <用户名>@<主机名> ;
```

对于字段权限,权限名称只能取 Select、Insert、Update,并且权限名后需要加上字段名。

5.　过程层级

过程权限适用于数据表中已有的存储过程和函数。这些权限存储在 mysql.procs_priv 数据表中。

(1)授予指定用户对存储过程有操作权限的语法格式如下:

```
Grant <权限名称> On Procedure <数据库名称>.<存储过程名称>
              To <用户名称>@<主机名称> ;
```

(2)授予指定用户对已有函数有操作权限的语法格式如下:

```
Grant <权限名称> On Function <数据库名称>.<函数名称>
              To <用户名称>@<主机名称> ;
```

【说明】授予过程权限时,权限名称只能取 Execute、Alter Rountime、Grant。

9.3.3　查看用户的权限信息

1.　使用 Show Grant 语句查看指定用户的权限信息

使用 Show Grant 语句查看用户权限信息的语法格式如下:

```
Show Grants For '<用户名称>'@'<主机名称>' | '<IP地址>'
```

【说明】使用该语句时,指定的用户名称和主机名称都要使用半角引号(单引号或双引号)引起来,并使用"@"符号将两个名称分隔。

2. 使用 Select 语句查询 mysql.user 数据表中各用户的权限

使用 Select 语句查询 mysql.user 数据表中各用户权限的语法格式如下:

```
Select <权限字段> From mysql.user [ Where user='<用户名称>' And Host='<主机名称>' ] ;
```

其中权限字段指 Select_priv、Insert_priv、Update_priv、Delete_priv、Create_priv、Drop_priv 等字段。

9.3.4   撤销权限

撤销权限就是取消某个用户的某些权限,要从一个用户处回收权限,但不从 user 数据表中删除用户,可以使用 Revoke 语句,该语句与 Grant 语句的语法格式类似,但具有相反的作用。要使用 Revoke 语句,用户必须拥有 MySQL 数据库的全局 Create User 权限和 Update 权限。

回收指定权限语句的语法格式如下:

```
Revoke <权限名称>[<字段列表>]  On <数据库名称>.<数据表名称>
   From <用户名称>@<主机名称> ;
```

【说明】

该语句可以回收多个权限,各个权限之间使用半角逗号分隔,也可以回收多个用户相同的权限,各个用户之间使用半角逗号分隔。该语句可以针对某些字段回收权限,如果没有指定字段则表示作用于整个数据表。

回收全部权限的语法格式如下:

```
Revoke All Privileges , Grant Option From <用户名称>@<主机名称> ;
```

【任务 9-9】在命令行窗口中查看指定用户的权限信息

【任务描述】

(1)查看当前用户 root 的权限。

(2)查看 MySQL 用户 admin 的权限。

(3)查看 user 数据表中 Create、Alter、Drop、Create User 等权限的设置情况。

(4)查看 root 用户 Create、Alter、Drop、Create User 等权限的设置情况。

(5)查看 admin 用户 Create、Alter、Drop、Create User 等权限的设置情况。

【任务实施】

1. 查看 root 用户的权限

在命令行窗口中输入以下语句查看当前用户 root 的权限:

```
Show Grants ;
```

查看结果中对应 root 用户权限的内容如下所示:

```
    Grant Select, Insert, Update, Delete, Create, Drop, Reload, Shutdown, Process, File,
References , Index, Alter, Show Databases, Super, Create Temporary Tables, Lock Tables,
Execute, Replication Slave, Replication Client, Create View, Show View, Create Routine,
Alter Routine, Create User, Event, Trigger, Create Tablespace, Create Role, Drop Role On *.*
To 'Root'@'Localhost' With Grant Option
    Grant   Application_Password_Admin,Audit_Admin,Backup_Admin , Binlog_Admin,Binlog_
Encryption_Admin,Clone_Admin,Connection_Admin,Encryption_Key_Admin,Group_Replication_
Admin,Innodb_Redo_Log_Archive,Innodb_Redo_Log_Enable,Persist_Ro_Variables_
Admin,Replication_Applier,Replication_Slave_Admin,Resource_Group_Admin,Resource_Group_
User,Role_Admin,Service_Connection_Admin,Session_Variables_Admin,Set_User_Id,Show_
Routine,System_User,System_Variables_Admin,Table_Encryption_Admin,Xa_Recover_Admin On *.*
To `Root`@`Localhost` With Grant Option
    Grant Proxy On ''@'' To 'Root'@'Localhost' With Grant Option
```

2. 查看非当前用户 admin 的权限

在命令行窗口中输入以下语句查看用户 admin 的权限：

```
Show Grants For "admin"@"localhost" ;
```

查看结果如图 9-16 所示。

返回结果的第一行显示了 admin 账户信息，第二行显示了用户已被授予的权限。*.* 表示其权限用于所有数据库的所有数据表。

```
+--------------------------------------------+
| Grants for admin@localhost                 |
+--------------------------------------------+
| GRANT USAGE ON *.* TO `admin`@`localhost`  |
+--------------------------------------------+
```

图9-16　查看非当前用户admin的权限的结果

3. 查看 user 数据表中指定权限的设置情况

在命令行窗口中输入以下语句查看 user 数据表中指定权限的设置情况：

```
Select Host , User , Create_priv , Alter_priv , Drop_priv , Create_user_priv
    From mysql.user ;
```

查看结果如图 9-17 所示。

```
+-----------+------------------+-------------+------------+-----------+------------------+
| Host      | User             | Create_priv | Alter_priv | Drop_priv | Create_user_priv |
+-----------+------------------+-------------+------------+-----------+------------------+
| localhost | admin            | N           | N          | N         | N                |
| localhost | mysql.infoschema | N           | N          | N         | N                |
| localhost | mysql.session    | N           | N          | N         | N                |
| localhost | mysql.sys        | N           | N          | N         | N                |
| localhost | root             | Y           | Y          | Y         | Y                |
+-----------+------------------+-------------+------------+-----------+------------------+
```

图9-17　查看user数据表中指定权限设置情况的结果

4. 查看 root 用户指定权限的设置情况

在命令行窗口中输入以下语句查看 root 用户指定权限的设置情况：

```
Select Host , User , Create_priv,Alter_priv , Drop_priv , Create_user_priv
    From  mysql.user
        Where  user="root"  And  Host="localhost" ;
```

查看结果如图 9-18 所示。

```
+-----------+------+-------------+------------+-----------+------------------+
| Host      | User | Create_priv | Alter_priv | Drop_priv | Create_user_priv |
+-----------+------+-------------+------------+-----------+------------------+
| localhost | root | Y           | Y          | Y         | Y                |
+-----------+------+-------------+------------+-----------+------------------+
```

图9-18　查看root用户指定权限设置情况的结果

5. 查看 admin 用户指定权限的设置情况

在命令行窗口中输入以下语句查看 admin 用户指定权限的设置情况：

```
Select Host , User , Create_priv , Alter_priv , Drop_priv , Create_user_priv
    From mysql.user
    Where user="admin" And Host="localhost" ;
```

查看结果如图 9-19 所示。

```
+-----------+-------+-------------+------------+-----------+------------------+
| Host      | User  | Create_priv | Alter_priv | Drop_priv | Create_user_priv |
+-----------+-------+-------------+------------+-----------+------------------+
| localhost | admin | N           | N          | N         | N                |
+-----------+-------+-------------+------------+-----------+------------------+
```

图9-19　查看admin用户指定权限设置情况的结果

从图 9-19 可以看出，admin 用户目前没有设置任何权限，是一个无操作权限的用户。

【任务 9-10】在命令行窗口中授予用户全局权限

【任务描述】

（1）授予 admin 用户对所有数据库中所有数据表的 Create、Alter、Drop 权限。

（2）授予 admin 用户创建新用户的权限。

（3）查看 admin 用户的 Create、Alter、Drop、Create User 权限。

【任务实施】

1. 授予 admin 用户对所有数据库中所有数据表的 Create、Alter、Drop 权限

在命令行窗口中输入以下语句给 admin 用户授权：

```
Grant Create , Alter , Drop On *.* To "admin"@"localhost" ;
```

该语句执行成功时，会出现以下提示信息：

```
Query OK, 0 rows affected (0.49 sec)
```

2. 授予 admin 用户创建新用户的权限

在命令行窗口中输入以下语句授予 admin 用户创建新用户的权限：

```
Grant Create User On *.* To "admin"@"localhost" ;
```

该语句执行成功时，会出现以下提示信息：

```
Query OK, 0 rows affected (0.01 sec)
```

3. 查看 admin 用户的 Create、Alter、Drop、Create User 权限

在命令行窗口中输入以下语句查看 admin 用户的权限：

```
Select User , Create_priv , Alter_priv , Drop_priv , Create_user_priv
    From mysql.user
    Where user="admin" And Host="localhost" ;
```

查看结果如图 9-20 所示。

```
+-------+-------------+------------+-----------+------------------+
| User  | Create_priv | Alter_priv | Drop_priv | Create_user_priv |
+-------+-------------+------------+-----------+------------------+
| admin | Y           | Y          | Y         | Y                |
+-------+-------------+------------+-----------+------------------+
```

图9-20　查看admin用户已授予权限的结果

从图 9-20 可以看出，admin 用户目前拥有 Create、Alter、Drop、Create User 权限。

【任务 9-11】在命令行窗口中授予用户数据库权限

【任务描述】

（1）授予 admin 用户对 MallDB 数据库中所有数据表的 Select、Insert 权限。

（2）授予 admin 用户在 MallDB 数据库上的所有权限。

【任务实施】

1. 授予 admin 用户对 MallDB 数据库中所有数据表的 Select、Insert 权限

在命令行窗口中输入以下语句授予 admin 用户对 MallDB 数据库中所有数据表的指定权限：

```
Grant Select , Insert On MallDB.* To "admin"@"localhost" ;
```

该语句执行成功时，会出现以下提示信息：

```
Query OK, 0 rows affected (0.40 sec)
```

在命令行窗口中输入以下语句查看 db 数据表中 admin 用户的权限：

```
Select User,Select_priv , Insert_priv , Update_priv , Delete_priv
    From mysql.db
      Where user="admin" And Host="localhost" ;
```

查看结果如图 9-21 所示。

```
+-------+------------+------------+------------+------------+
| User  | Select_priv | Insert_priv | Update_priv | Delete_priv |
+-------+------------+------------+------------+------------+
| admin | Y           | Y           | N           | N           |
+-------+------------+------------+------------+------------+
```

图9-21　查看db数据表中admin用户部分权限的结果

从图 9-21 可以看出，admin 用户对 MallDB 数据库的所有数据表拥有 Select、Insert 权限，但是目前还没有 Update、Delete 权限。

2. 授予 admin 用户在 MallDB 数据库上的所有权限

在命令行窗口中输入以下语句授予 admin 用户在 MallDB 数据库上的所有权限：

```
Grant All on MallDB.* to "admin"@"localhost" ;
```

该语句执行成功时，会出现以下提示信息：

```
Query OK, 0 rows affected (0.40 sec)
```

在命令行窗口中再次输入以下语句查看 db 数据表中 admin 用户的权限：

```
Select User,Select_priv , Insert_priv , Update_priv , Delete_priv
    From mysql.db
      Where user="admin" And Host="localhost" ;
```

查看结果如图 9-22 所示。

```
+-------+------------+------------+------------+------------+
| User  | Select_priv | Insert_priv | Update_priv | Delete_priv |
+-------+------------+------------+------------+------------+
| admin | Y           | Y           | Y           | Y           |
+-------+------------+------------+------------+------------+
```

图9-22　授予admin用户在MallDB数据库上所有权限后查看db数据表中部分权限的结果

由于授予了 admin 用户在 MallDB 数据库上的所有权限，从图 9-22 可以看出，admin 用户对 MallDB 数据库的所有数据表拥有 Select、Insert、Update、Delete 等权限。

【任务 9-12】在命令行窗口中授予用户数据表权限和字段权限

【任务描述】

（1）使用 Create User 语句重新创建 MySQL 用户 happy，密码设置为"123456"。

（2）授予 happy 用户对 MallDB 数据库的"用户类型"数据表的 Select、Insert 权限。

（3）授予 happy 用户对 MallDB 数据库"图书信息"数据表的"图书名称""作者""价格"字段的 Select、Update 权限。

【任务实施】

1. 创建 MySQL 用户 happy

打开 Windows 命令行窗口，然后登录 MySQL 服务器。

在命令提示符后输入以下命令来创建用户 happy：

```
Create User 'happy'@'localhost' Identified By '123456' ;
```

当该语句成功执行时，如果出现以下提示信息，说明该用户已经创建完成，可以使用用户名 happy 登录 MySQL 服务器：

```
Query OK, 0 rows affected (0.03 sec)
```

2. 授予 happy 用户对数据表的操作权限

在命令行窗口中输入以下语句授予 happy 用户对数据表的操作权限：

```
Grant Select , Insert On MallDB.用户类型 To "happy"@"localhost" ;
```

该语句执行成功时，会出现以下提示信息：

```
Query OK, 0 rows affected (0.01 sec)
```

在命令行窗口中输入以下语句查看 tables_priv 数据表中 happy 用户的相关信息：

```
Select Db , User , Table_name , Grantor , Table_priv, Column_priv
    From mysql.tables_priv
    Where user="happy"  And  Host="localhost" ;
```

查看结果如图 9-23 所示。

Db	User	Table_name	Grantor	Table_priv	Column_priv
malldb	happy	用户类型	root@localhost	Select,Insert	

图9-23 授予happy用户对"用户类型"数据表的Select、Insert权限的结果

【注意】

只有当给定数据库 / 主机和用户名对应的 db 数据表中的 Select 字段的值为 N 时，才需要访问 tables_priv 数据表。如果给定数据库 / 主机和用户名对应的 db 数据表中的 Select 字段中有一个值为 Y，那么无须控制 tables_priv 数据表。如果高优先级的授权表提供了适当的权限，就无须查阅优先级较低的授权表了。如果高优先级的授权表中对应命令的值为 N，那么需要进一步查看低优先级的授权表。

3. 授予 happy 用户对数据表字段的操作权限

在命令行窗口中输入以下语句授予 happy 用户对数据表字段的操作权限：

```
Grant Select( 图书名称 , 作者 , 价格 ) , Update( 图书名称 , 作者 , 价格 )
    On MallDB. 图书信息
    To "happy"@"localhost" ;
```

该语句执行成功时，会出现以下提示信息：

```
Query OK, 0 rows affected (0.01 sec)
```

在命令行窗口中输入以下语句查看 columns_priv 数据表中 happy 用户的相关信息：

```
Select Db , User , Table_name , Column_name , Column_priv
    From mysql.columns_priv
    Where user="happy"  And  Host="localhost" ;
```

查看结果如图 9-24 所示。

```
+--------+-------+------------+-------------+---------------+
| Db     | User  | Table_name | Column_name | Column_priv   |
+--------+-------+------------+-------------+---------------+
| malldb | happy | 图书信息    | 价格         | Select,Update |
| malldb | happy | 图书信息    | 作者         | Select,Update |
| malldb | happy | 图书信息    | 图书名称      | Select,Update |
+--------+-------+------------+-------------+---------------+
```

图9-24 授予happy用户对"图书信息"数据表指定字段的Select、Update权限的结果

9.4 MySQL 的角色管理

MySQL 8.0 新增了很多功能，其中在用户管理中增加了角色管理，MySQL 角色是指定权限的集合。像用户一样，角色也可以授予和撤销权限。可以将角色授予给用户，从而授予该用户与角色相关的权限。用户被授予角色权限，则该用户拥有该角色的权限。

MySQL 提供的角色管理功能如表 9-2 所示。

表9-2 MySQL提供的角色管理功能

语句关键字	功能说明
Create Role	创建角色
Drop Role	删除角色
Grant	为用户和角色分配权限
Revoke	为用户和角色撤销权限
Show Grants	显示用户和角色的权限及角色分配
Set Default Role	指定哪些角色默认处于活动状态
Set Role	更改当前会话中的活动角色
Current_Role()	显示当前会话中的活动角色

9.4.1 创建角色并授予用户角色权限

为清楚区分角色的权限，将角色创建为所需权限集的名称。通过授权适当的角色，可以轻松地为用户授予所需的权限。

1. 创建角色

创建角色使用 Create Role 语句，其基本格式如下：

```
Create Role <角色名称1, <角色名称2> ... ;
```

其中角色名称不能与数据库中固定角色名称相同，也不能与数据库中已有的用户名和角

色名重名。角色名称与用户名称非常相似，由用户名称和主机名称两部分组成。如果省略主机名称，则主机名称默认为%。用户名称和主机名称可以不加引号，除非它们包含特殊字符。

使用以下语句创建 3 个角色：

```
Create Role role_deve@localhost ;
Create Role role_read@localhost , role_write@localhost ;
```

2. 为角色分配权限

为角色分配权限，使用与为用户分配权限相同的语句：

```
Grant <权限列表> on <数据库名称>.<数据表名称> to <角色名称> ;
```

使用以下语句为角色分配权限：

```
Grant All on MallDB.* to 'role_deve'@'localhost' ;
Grant Select on MallDB.* to 'role_read'@'localhost' ;
Grant Insert , Update , Delete on MallDB.* to 'role_write'@'localhost' ;
```

3. 为用户分配角色

为用户分配角色的语法格式如下：

```
Grant <角色名称> to <用户名称> ;
```

现在假设一个用户需要程序开发权限，两个用户需要只读访问权，还有一个用户需要读取 / 写入权限。使用 Create User 创建 4 个用户：

```
Create User 'deve_user1'@'localhost' Identified By '123456' ;
Create User 'read_user1'@'localhost' Identified By '123456' ;
Create User 'read_user2'@'localhost' Identified By '123456' ;
Create User 'rw_user1'@'localhost' Identified By '123456' ;
```

要为每个用户分配其所需的权限，可以使用 Grant 语句，但是这需要列举每个用户的个人权限。相反，使用 Grant 允许授权角色而非权限会更加简便，语句如下：

```
Grant 'role_deve'@'localhost' to 'deve_user1'@'localhost' ;
Grant 'role_read'@'localhost' to 'read_user1'@'localhost', 'read_user2'@'localhost' ;
Grant 'role_read'@'localhost' , 'role_write'@'localhost' to 'rw_user1'@'localhost' ;
```

结合角色所需的读取和写入权限，在 Grant 中授权 rw_user1 用户读取和写入的角色。

使用 Grant 授予角色权限的语法和授予用户权限的语法格式不同：有一个 on 来区分角色和用户的授权，有 on 的为用户授权，而没有 on 用来分配角色。由于语法格式不同，因此不能在同一语句中混合分配用户权限和角色。允许为用户分配权限和角色，但必须使用单独的 Grant 语句，每种语句的语法都要与授权的内容相匹配。

9.4.2　查看分配给用户的权限以及角色所拥有的权限

使用 Show Grants 语句可以查看分配给用户的权限，该语句如下：

```
Show Grants For 'deve_user1'@'localhost' ;
```

该语句的运行结果如图 9-25 所示。

```
+----------------------------------------------------------+
| Grants for deve_user1@localhost                          |
+----------------------------------------------------------+
| GRANT USAGE ON *.* TO `deve_user1`@`localhost`           |
| GRANT `role_deve`@`localhost` TO `deve_user1`@`localhost`|
+----------------------------------------------------------+
```

图9-25　查看分配给用户deve_user1的权限

但是，上述语句运行后会显示用户授予的角色，而不会显示为角色所拥有的权限。如果要显示角色权限，添加一个可选项 Using 即可，对应语句如下所示：

```
Show Grants For  'deve_user1'@'localhost'  Using  'role_deve'@'localhost' ;
```

该语句的运行结果如图 9-26 所示。

```
+----------------------------------------------------------------+
| Grants for deve_user1@localhost                                |
+----------------------------------------------------------------+
| GRANT USAGE ON *.* TO `deve_user1`@`localhost`                 |
| GRANT ALL PRIVILEGES ON `malldb`.* TO `deve_user1`@`localhost` |
| GRANT `role_deve`@`localhost` TO `deve_user1`@`localhost`      |
+----------------------------------------------------------------+
```

图9-26　查看角色所拥有的权限

9.4.3　为用户设置默认角色

为用户设置默认角色的基本语法格式如下：

```
Set Default Role { None | All | <角色名称1> [ , <角色名称1> ] … }
        to <用户名称1> [ , <用户名称2> ] … ;
```

说明如下。

Set Default Role 为关键字，后面的子句允许以下值。

（1）None：将默认角色设置为 None（无角色）。

（2）All：将默认角色设置为授予该用户的所有角色。

（3）<角色名称 1> [, <角色名称 1>] …：将默认角色设置为命名角色，该角色必须存在并在执行时授予该用户 Set Default Role。

例如：

```
Set Default Role 'role_deve'@'localhost'  to  'deve_user1'@'localhost' ;
Set Default Role All To  'deve_user1'@'localhost' , 'read_user1'@'localhost' ,
                  'read_user2'@'localhost' , 'rw_user1'@'localhost' ;
```

Set Default Role 语句需要以下权限：

为另一个用户设置默认角色需要全局 Create User 权限或系统数据表的 Update 权限。为自己设置默认角色不需要特殊权限，只要将想要的默认权限授予即可。

【注意】

Set Default Role 语句和 Set Role Default 语句具有不同的功能。

Set Default Role 语句用于定义默认情况下在用户会话中要激活的角色。

Set Role Default 语句用于将当前会话中的活动角色设置为当前用户的默认角色。

9.4.4　撤销角色或角色权限

正如可以授予某个用户角色一样，也可以从用户中撤销这些角色，撤销角色的基本语法格式如下：

```
Revoke <角色名称> From <用户名称> ;
```

例如：

```
Revoke  'role_read'@'localhost'  From  'read_user1'@'localhost' ;
```

Revoke 语句可以用于修改角色权限，这不仅会影响角色本身的权限，还会影响任何授予该角色的用户的权限。假设想临时让所有用户只读，则使用 Revoke 从 role_write 角色中撤销修改权限：

```
Revoke Insert , Update , Delete On Malldb.*  From 'role_write'@'localhost' ;
```

从 role_write 角色中撤销修改权限后，使用 "Show Grants For 'role_write'@'localhost' ；" 可以查看角色目前拥有的权限，可以看出其不再具有 Insert、Update、Delete 权限了。

从角色中撤销权限会影响到被授予该角色的用户的权限，因此 rw_user1 现在已经没有 Insert、Update 和 Delete 权限了。

使用以下语句可以查看用户 rw_user1 目前拥有的权限：

```
Show Grants For  'rw_user1'@'localhost'
    Using 'role_read'@'localhost' , 'role_write'@'localhost'  ;
```

实际上，rw_user1 读 / 写用户已成为只读用户。被授予 role_write 角色的任何其他用户也会发生这种情况，说明只需修改角色而不必修改个人用户的权限。

要恢复角色的修改权限，只需重新授予它们即可，对应语句如下：

```
Grant Insert , Update , Delete On Malldb.* to 'role_write'@'localhost' ;
```

现在 rw_user1 再次具有修改权限，就像被授予 role_write 角色的其他任何用户一样。

9.4.5　删除角色

要删除角色，可使用 Drop Role 语句，其基本语法格式如下：

```
Drop Role <角色名称1> , <角色名称2> , … ;
```

例如：

```
Drop Role 'role_read'@'localhost' , 'role_write'@'localhost' ;
```

删除角色会从被授予它的每个用户中撤销该角色。

【任务 9-13】在命令行窗口中使用 Create Role 语句添加 MySQL 的角色

【任务描述】

（1）创建一个名为"role0901"的角色。

使用 Create Role 语句添加一个角色，其名称为 role0901，不指定主机名称，将该角色创建到当前数据库的用户上。

（2）创建一个名为"role0902"的角色。

使用 Create Role 语句添加一个角色，其名称为 role0902，指定主机名称为"localhost"，将该角色创建到 admin 用户上。

（3）查看创建的角色。

（4）授予角色 role0901 对 MallDB 数据库所有表的 Insert、Update、Delete、Select 权限，授予角色 role0902@localhost 在 MallDB 数据库上的所有权限。

（5）使用普通明文密码创建一个新用户 Lucky。

使用 Create User 语句添加一个新用户，用户名为 Lucky，密码是 123456，主机为本机。

（6）为用户 Lucky 赋予角色 role0901。

（7）查看分配给用户 Lucky 的权限。

（8）查看角色 role0901 所拥有的权限。

（9）查询用户 Lucky 的当前角色。

（10）为用户 Lucky 设置默认角色。

（11）查看用户角色 role0901 的关联信息。

（12）查看用户所授予的角色信息。

【任务实施】

1. 创建一个名为"role0901"的角色

创建名为"role0901"的角色的语句如下：

```
Create Role role0901 ;
```

当该语句成功执行时，如果出现以下提示信息，说明角色已经创建完成。

```
Query OK, 0 rows affected (0.01 sec)
```

2. 创建一个名为"role0902"的角色

```
Create Role role0902@localhost ;
```

当该语句成功执行时，如果出现以下提示信息，说明角色已经创建完成。

```
Query OK, 0 rows affected (0.01 sec)
```

3. 查看创建的角色

使用"Select Host , User , Authentication_String From mysql.user ;"语句查看创建的两个角色，结果如图 9-27 所示。

```
+-----------+-----------------+------------------------------------------------------------------+
| Host      | User            | Authentication_String                                            |
+-----------+-----------------+------------------------------------------------------------------+
| %         | role0901        |                                                                  |
| localhost | admin           | *6BB4837EB74329105EE4568DDA7DC67ED2CA2AD9                         |
| localhost | happy           | *6BB4837EB74329105EE4568DDA7DC67ED2CA2AD9                         |
| localhost | mysql.infoschema| $A$005$THISISACOMBINATIONOFINVALIDSALTANDPASSWORDTHATMUSTNEVERBRBEUSED |
| localhost | mysql.session   | $A$005$THISISACOMBINATIONOFINVALIDSALTANDPASSWORDTHATMUSTNEVERBRBEUSED |
| localhost | mysql.sys       | $A$005$THISISACOMBINATIONOFINVALIDSALTANDPASSWORDTHATMUSTNEVERBRBEUSED |
| localhost | role0902        |                                                                  |
| localhost | root            | *6BB4837EB74329105EE4568DDA7DC67ED2CA2AD9                         |
+-----------+-----------------+------------------------------------------------------------------+
```

图9-27 查看创建的两个角色

4. 为角色授予权限

为角色 role0901 授予权限的语句如下：

```
Grant Insert , Update , Delete , Select on MallDB.*  to  'role0901' ;
```

给角色 role0902@localhost 授予权限的语句如下：

```
Grant All on MallDB.* to role0902@localhost  ;
```

5. 创建一个新用户 Lucky

创建新用户 Lucky 的语句如下：

```
Create User 'Lucky'  Identified By '123456' ;
```

6. 为用户 Lucky 赋予角色 role0901

为用户 Lucky 赋予角色 role0901 的语句如下：

```
Grant 'role0901' to 'Lucky' ;
```

7. 查看分配给用户 Lucky 的权限

查看分配给用户 Lucky 的权限的语句如下：

```
Show Grants For 'Lucky'@'%' ;
```

8. 查看角色 role0901 所拥有的权限

查看角色 role0901 所拥有的权限的语句如下：

```
Show Grants For 'Lucky' Using 'role0901' ;
```

9. 查看用户 Lucky 的当前角色

使用以下语句查看用户的当前角色，会发现当前角色为 NONE，即没有活动角色。

```
Select Current_role() ;
```

10. 为用户 Lucky 设置默认角色

```
Set Default Role 'role0901' to 'Lucky' ;
```

11. 查看用户角色 role0901 的关联信息

查看用户角色 role0901 关联信息的语句如下：

```
Select * From mysql.default_roles ;
```

该语句的运行结果如图 9-28 所示。

```
+------+-------+-------------------+-------------------+
| HOST | USER  | DEFAULT_ROLE_HOST | DEFAULT_ROLE_USER |
+------+-------+-------------------+-------------------+
| %    | Lucky | %                 | role0901          |
+------+-------+-------------------+-------------------+
```

图 9-28　查看用户角色 role0901 的关联信息的结果

12. 查看用户所授予的角色信息

查看用户所授予的角色信息的语句如下：

```
Select * From mysql.role_edges ;
```

该语句的运行结果如图 9-29 所示。

```
+-----------+-----------+---------+---------+-------------------+
| FROM_HOST | FROM_USER | TO_HOST | TO_USER | WITH_ADMIN_OPTION |
+-----------+-----------+---------+---------+-------------------+
| %         | role0901  | %       | Lucky   | N                 |
+-----------+-----------+---------+---------+-------------------+
```

图 9-29　查看用户所授予的角色信息

9.5　备份与还原 MySQL 数据库

在数据库的操作过程中，尽管系统中采用了各种措施来保证数据库的安全性和完整性，但硬件故障、软件错误、病毒侵入、误操作等现象仍有可能发生，导致运行事务的异常中断，影响数据的正确性，甚至破坏数据库，使数据库中的数据部分或全部丢失。因此，拥有能够恢复数据的能力对一个数据库系统来说是非常重要的。数据库备份是最简单的保护数据的方法，在意外情况发生时可以尽可能地减少损失。如果数据库中的数据丢失或者出现错误，可以使用备份的数据进行还原。

9.5.1　数据库的备份

1. 使用 mysqldump 命令备份 MySQL 的数据

mysqldump 命令可以将数据库中的数据备份成一个文本文件，数据表的结构和数据将存储在生成的文本文件中。该文件中实际上包含了多个 Create 和 Insert 语句，使用这些语句可以重新创建数据表和插入数据。

（1）备份单个数据库中所有的数据表。

使用 mysqldump 命令备份单个数据库中所有数据表的基本语法格式如下：

```
mysqldump -u <用户名称> -p [ --databases ]  <备份数据库名称>
       > <备份路径 \ 备份文件名>
```

① 如果没有指定数据库名称，则表示备份整个数据库。

② 备份文件名指定其扩展名为 ".sql"，也可指定其他的扩展名，如 ".txt"。如果备份文件名前没有指定存储路径，则备份文件默认存放在 MySQL 的 bin 文件夹中，也可以在文件名前加一个绝对路径，以指定备份文件的存放位置。例如，将数据库 MallDB 备份到文件夹 "D:\MySQLData\MyBackup" 中的命令如下：

```
mysqldump -u root -p --databases MallDB> D:\MySQLData\MyBackup\MallDBbackup.sql
```

③ 参数 "--databases" 为可选项，备份多个数据库时需要使用，备份单个数据库时可以省略。

（2）备份单个数据库中指定的数据表。

使用 mysqldump 命令备份单个数据库中指定的数据表的基本语法格式如下：

```
mysqldump -u <用户名称> -p <数据库名称>  <数据表名称>
       > <备份路径 \ 备份文件名>
```

例如：

```
mysqldump -u root -p  MallDB  user  >  D:\MySQLData\MyBackup\user01.sql
```

如果需要备份多个数据表，则在数据库名称的后面列出多个数据表的名称，并使用空格分隔。

（3）备份多个数据库。

使用 mysqldump 命令备份多个数据库的基本语法格式如下：

```
mysqldump -u <用户名称> -p --databases <数据库名称1>  <数据库名称2> …
                    > <备份路径 \ 备份文件名>
```

多个数据库名称之间使用空格分隔。备份完成后，备份文件中会存储多个数据库的信息。

（4）备份所有的数据库。

使用 mysqldump 命令备份 MySQL 服务器中所有数据库的基本语法格式如下：

```
mysqldump -u <用户名称> -p --all-databases > <备份路径 \ 备份文件名>
```

当使用参数 "--all-databases" 备份所有的数据库时，不需要指定数据库名称。备份完成后，备份文件中将会存储全部数据库的信息。

2. 使用 Navicat for MySQL 备份数据库

使用 Navicat for MySQL 图形管理工具可以根据向导提示进行数据库备份，具体备份过程详见【任务 9-15 】。

9.5.2　数据库的还原

由于操作失误、计算机故障或者其他意外情况，可能会导致数据的丢失和破坏，当数据丢失或者被意外破坏时，可以通过恢复已经备份的数据来尽量减少损失。

1. 非登录状态使用 mysql 命令还原 MySQL 的数据

当数据库遭到意外破坏时，可以通过备份文件将数据库还原到备份时的状态。使用 mysqldump 命令将数据库中的数据备份成一个文本文件，备份文件中通常包含 Create 语句和 Insert 语句。可以使用 mysql 命令还原备份的数据，mysql 命令可以执行备份文件中的 Create 语句和 Insert 语句，再通过 Create 语句来创建数据库和数据表，通过 Insert 语句来插入备份的数据。

mysql 命令的基本语法格式如下：

```
mysql -u root -p [ <数据库名称> ] <备份路径 \ 备份文件名 >
```

① 数据库名称为可选项，如果指定数据库名称，则表示还原该数据库中的数据表；如果不指定数据库名称，则表示还原特定的数据库，备份文件中有创建数据库的语句。

② 如果使用 "--all-databases" 参数备份了所有的数据库，那么还原时不需要指定数据库。对应的备份文件包含创建数据库的语句，可以通过该语句创建数据库。创建数据库后，可以执行备份文件中的 Use 语句选择数据库，然后到数据库中创建数据表并且插入记录数据。

例如：

```
mysql -u root -p MallDB < D:\MySQLData\ MyBackup\user01.sql
```

2. 登录状态使用 source 语句还原 MySQL 的数据

如果已经登录 MySQL 服务器，还可以使用 source 语句导入 .sql 文件，其语法格式如下：

```
source <备份路径 \ 备份文件名 > ;
```

例如：

```
source D:\MySQLData\ MyBackup\user01.sql ;
```

source 语句成功执行后，会将备份数据全部导入现有数据库中，在执行该语句之前需要使用 use 语句选择数据库。

3. 使用 Navicat for MySQL 还原 MySQL 的数据

使用 Navicat for MySQL 图形管理工具可以根据向导提示对数据进行还原，具体还原过程详见【任务 9-15 】。

【任务 9-14 】使用 mysqldump 和 mysql 命令备份与还原 MySQL 数据

【任务描述】

（1）使用 mysqldump 命令备份 MySQL 数据库 MallDB 的数据表 user 中的数据。

（2）使用 mysql 命令还原 MySQL 数据库 MallDB 的数据表 user 中的数据。

【任务实施】

1. 使用 mysqldump 命令备份 MySQL 数据库 MallDB 的数据表 user 中的数据

打开 Windows 命令行窗口，在命令提示符后面输入以下命令：

```
mysqldump -u root -p  MallDB  user> D:\MySQLData\MyBackup\user01.sql
```

按【Enter】键执行该命令，提示输入密码，输入正确密码后再次按【Enter】键，开始备份。备份完成后可以打开备份文件 user01.sql 查看其内容。

2. 使用 mysql 命令还原 MySQL 数据库 MallDB 的数据表 user 中的数据

在 Windows 命令行窗口的命令提示符后面输入以下命令：

```
mysql -u root -p MallDB < D:\MySQLData\ MyBackup\user01.sql
```

按【Enter】键执行该命令，提示输入密码，输入正确密码后再次按【Enter】键，开始还原数据，还原结束后会在指定的数据库 MallDB 中恢复以前的数据表 user。

【任务 9-15】使用 Navicat for MySQL 图形管理工具备份与还原 MySQL 数据库

【任务描述】

（1）使用 Navicat for MySQL 备份数据库 MallDB。

（2）使用 Navicat for MySQL 还原数据库 MallDB。

【任务实施】

1. 使用 Navicat for MySQL 备份数据库 MallDB

（1）打开【Navicat for MySQL】窗口，在数据库列表中双击打开数据库 MallDB，也可以用鼠标右键单击数据库 MallDB，在弹出的快捷菜单中选择【打开数据库】命令，打开该数据库。

（2）在【Navicat for MySQL】窗口中，单击工具栏中的【备份】按钮，下方会显示"备份"对应的操作按钮，如图 9-30 所示。

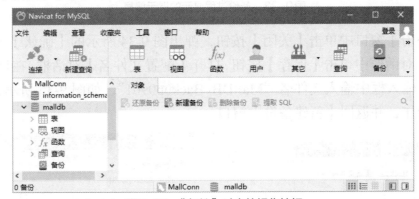

图9-30 "备份"对应的操作按钮

（3）在左侧的数据库列表中选择数据库 MallDB，然后单击【新建备份】按钮，打开

【新建备份】窗口，然后在该窗口【常规】选项卡的【注释】输入框中输入注释内容"备份
MallDB 数据库"，如图 9-31 所示。

选择【高级】选项卡，勾选【使用指定文件名】复选框，在输入框中输入备份文件名
"MallDB0901"，如图 9-32 所示。

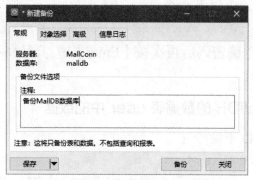

图9-31　输入注释内容

图9-32　输入备份文件名

（4）开始备份。在【新建备份】窗口中单击【备份】按钮，自动切换到【信息日志】选
项卡，开始备份，并显示相应的提示信息，如图 9-33 所示。

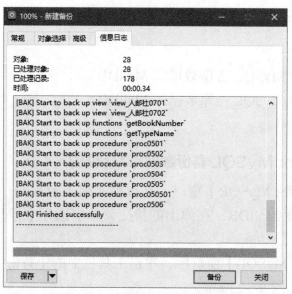

图9-33　备份过程显示的提示信息

在【新建备份】窗口中单击【关闭】按钮，弹出图 9-34 所示的【确认】对话框。

在【确认】对话框中单击【保存】按钮，打开【配置文件名】对话框，在该对话框的【输
入设置文件名】输入框中输入文件名"MallDB_Backup0901"，如图 9-35 所示，单击【确定】
按钮保存备份操作，并返回【新建备份】窗口。

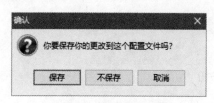

图9-34　【确认】对话框

图9-35　在【设置文件名】对话框中输入文件名

（5）在【新建备份】窗口中单击【关闭】按钮，关闭该窗口。

备份操作完成后，在【Navicat for MySQL】窗口右侧将显示备份文件列表，如图 9-36 所示。

（6）查看备份文件的保存位置。选中备份文件"MallDB0901"并单击鼠标右键，在弹出的快捷菜单中选择【在文件夹中显示】命令，如图 9-37 所示，打开备份文件所在的文件夹，本书使用的计算机的操作系统为 Windows 10，备份文件所在的文件夹为"C:\Users\admin\Documents\Navicat\MySQL\Servers\MallConn\malldb"。

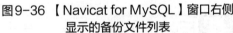

图9-36 【Navicat for MySQL】窗口右侧
显示的备份文件列表

图9-37 在快捷菜单中选择
【在文件夹中显示】命令

2. 使用 Navicat for MySQL 还原数据库 MallDB

（1）在【Navicat for MySQL】窗口中选中备份数据库 MallDB0901。

（2）单击工具栏中的【还原备份】按钮，打开【MallDB0901-还原备份】窗口，如图 9-38 所示。

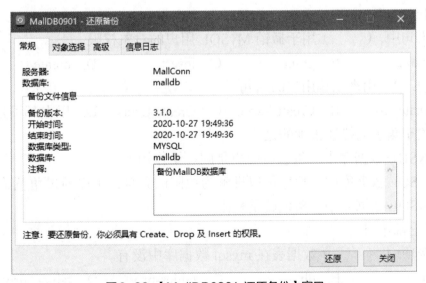

图9-38 【MallDB0901-还原备份】窗口

（3）在【MallDB0901-还原备份】窗口中单击【还原】按钮，打开图 9-39 所示的警告信息对话框，单击【确定】按钮，还原备份开始，完成时将打开图 9-40 所示的【100%-还原备份】窗口。

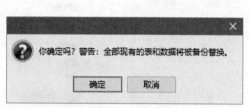

图9-39　还原备份时打开的警告信息对话框

图9-40　【100%-还原备份】窗口

课后习题

1. 选择题

（1）MySQL 中，可以使用（　　　）语句来为指定数据库添加用户。

　　A. revoke　　　　　　B. grant　　　　　　C. insert　　　　　　D. create

（2）MySQL 中，存储用户全局权限的数据表是（　　　）。

　　A. tables_priv　　　B. procs_priv　　　C. columns_priv　D. user

（3）以下语句中，（　　　）用于撤销 MySQL 用户的对象权限。

　　A. revoke　　　　　　B. grant　　　　　　C. insert　　　　　　D. create

（4）MySQL 中，用来创建用户的语句是（　　　）。

　　A. Create User　　B. Create Table　　C. Create Users　　D. 以上都不是

（5）以下关于角色的描述正确的是（　　　）。

　　A. MySQL 数据库中，角色与用户是同一个作用

　　B. MySQL 数据库中，角色可以理解为权限的集合，可以通过角色给用户授予权限

　　C. MySQL 数据库中，角色就是权限

　　D. 以上都不对

（6）以下选项中，（　　　）数据表在 mysql 数据库中没有。

　　A. user　　　　　　　B. db　　　　　　　C. tables-priv　　D. tables_priv

（7）MySQL 中，查看用户权限时，除了可以使用 Select 语句，还可以使用（　　　）语句。

　　A. Grant　　　　　　B. Show Grants　C. Revoke　　　　　D. 以上都可以

（8）以下有关数据备份的描述中，错误的是（　　　）。

    A. 使用 mysqldump 命令一次只能备份一个数据库

    B. 使用 mysqldump 命令可以一次备份所有数据库

    C. 使用 mysqldump 命令可以备份数据库中的某个数据表

    D. 使用 mysqldump 命令可以备份单个数据库中的所有数据表

（9）以下语句中，与 Select…Into Outfile 语句功能相反的语句是（　　　）。

    A. Load Data Infile   B. Select…Into Infile

    C. Backup Table   D. Back Table

（10）以下有关数据库还原的描述中，错误的是（　　　）。

    A. 在还原数据之前，首先要创建还原数据的数据库

    B. 如果需要恢复的数据已经存在，也可以直接进行恢复操作来覆盖原来的数据库

    C. 使用 mysqldump 命令还原数据库后，需要重启 MySQL 服务器，才能恢复成功

    D. 使用直接复制到数据库文件夹的方法来恢复数据时，需要先关闭 MySQL 服务

2. 填空题

（1）MySQL 服务器通过＿＿＿＿＿＿＿来控制用户对数据库的访问，MySQL 权限表存放在＿＿＿＿＿＿＿数据库里，由 mysql_install_db 脚本初始化。

（2）MySQL 权限表分别是 user、db、table_priv、columns_priv、proc_priv，其中决定是否允许用户连接到服务器的权限表是＿＿＿＿＿＿＿，用于记录各个账号在各个数据库上的操作权限的权限表是＿＿＿＿＿＿＿，用于记录数据表级别的操作权限的权限表是＿＿＿＿＿＿＿，用于记录数据字段级别的操作权限的权限表是＿＿＿＿＿＿＿，用于记录存储过程和函数的操作权限的权限表是＿＿＿＿＿＿＿。

（3）用户登录 MySQL 服务器时，首先判断 user 数据表的＿＿＿＿＿＿＿、＿＿＿＿＿＿＿和＿＿＿＿＿＿＿这 3 个字段的值是否同时匹配，只有这 3 个字段的值同时匹配，MySQL 才允许其登录。

（4）MySQL 的权限表 db 中的＿＿＿＿＿＿＿和＿＿＿＿＿＿＿两个字段决定用户是否具有创建和修改存储过程的权限。

（5）MySQL 中添加用户的方法主要有 3 种，分别是使用＿＿＿＿＿＿＿、＿＿＿＿＿＿＿或＿＿＿＿＿＿＿语句。

（6）修改 MySQL 的 root 用户密码的方法主要有两种，分别是使用＿＿＿＿＿＿＿命令修改，使用＿＿＿＿＿＿＿语句修改。

（7）root 用户修改普通用户的密码的方法主要有两种，分别是使用＿＿＿＿＿＿＿语句修改和使用＿＿＿＿＿＿＿语句修改。

（8）MySQL 授予用户权限时，在 Grant 语句中，On 子句使用＿＿＿＿＿＿＿表示所有数据库的所有数据表。

（9）数据库权限适用于一个给定数据库中的所有对象，这些权限存储在＿＿＿＿＿＿＿和＿＿＿＿＿＿＿数据表中。

（10）数据表权限适用于一个给定数据表中的所有字段，这些权限存储在＿＿＿＿＿＿＿数据

表中。

（11）查看指定用户的权限信息可以使用_____语句，也可以使用 Select 语句查询_____数据表中各用户的权限。

（12）使用 Grant 语句授予权限时，如果使用了_____子句，则表示 To 子句中指定的所有用户都有把自身所拥有的权限授予其他用户的权限。

（13）MySQL 中使用_____语句回收权限，使用_____语句或者_____删除普通用户。

（14）授予用户全局权限语句的语法格式为_____。

（15）授予过程权限时，权限类型只能取_____、_____和_____。

（16）MySQL 中可以使用_____命令将数据库中的数据备份成一个文本文件。

（17）使用 mysqldump 命令将数据库 MallDB 备份到文件夹 "D:\MySQLData\backup" 中的正确写法为_____。

（18）使用 mysqldump 命令备份 MySQL 服务器中所有数据库的语法格式为_____。

（19）MySQL 的 user 数据表中 host、user 和 password 字段都属于用户字段，其中_____字段表示主机名称或主机 IP 地址。

（20）回收用户权限时，需要使用_____关键字。

参考文献

[1] 黄翔，刘艳. MySQL 数据库技术. 北京：高等教育出版社，2019.

[2] 云尚科技. MySQL 入门很轻松（超值微课版）. 北京：清华大学出版社，2019.

[3] 天津滨海迅腾科技集团有限公司. MySQL 数据库项目式教程. 天津：南开大学出版社，2019.

[4] 秦凤梅. MySQL 网络数据库设计与开发. 北京：电子工业出版社，2014.

[5] 郑阿奇. MySQL 实用教程 .2 版. 北京：电子工业出版社，2014.

[6] 刘增杰，李坤. MySQL 5.6 从零开始学. 北京：清华大学出版社，2013.

[7] 秦婧，刘存勇. 零点起飞学 MySQL. 北京：清华大学出版社，2013.

[8] 谭恒松. C# 程序设计与开发. 北京：清华大学出版社，2014.

附录

附录 A　安装与配置 MySQL 8.0

电子活页 1

安装与配置 MySQL 8.0

附录 B　下载与安装 Navicat for MySQL

电子活页 2

下载与安装 Navicat for MySQL

附录 C　关系数据库的基本概念

电子活页 3

关系数据库的基本概念